大数据、云计算、人工智能、信息安全人才培养丛书

"互联网+"新形态一体化精品教材

数据可视化

SHUJU KESHIHUA

主　编◎张荣光　郭改文

副主编◎黄作鹏　王　涛　孙　伟

◆微课视频

◆教学课件

◆电子教案

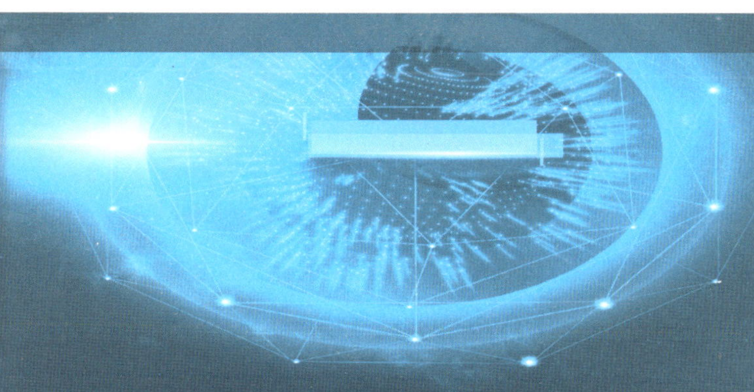

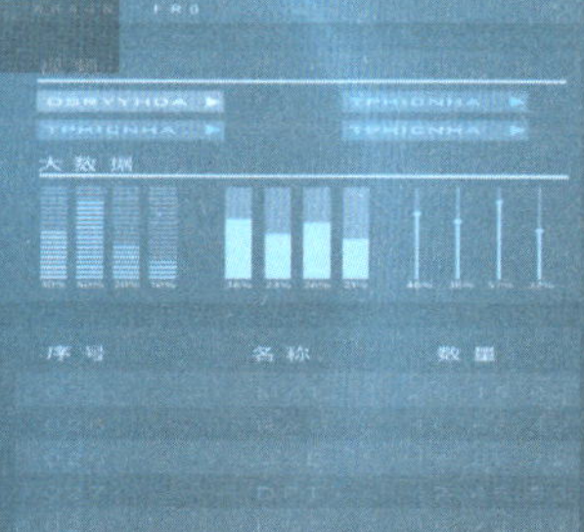

内容提要

本书从初学者角度出发，采用理论与实践相结合的方式阐述数据可视化的基础理论和概念，从人的感知和认知出发，介绍数据模型和可视化基础，并详细描述非结构化和非几何的抽象数据的可视化。全书共 9 章，内容包括数据可视化概述、视觉感知与认知、数据、文档可视化、可视化图表、数字图像处理、可视化动画、可视化 3D 图、词云。

本书可作为高等院校计算机应用、大数据技术及相关专业的教材，也可作为大数据开发入门者的自学用书。

图书在版编目（CIP）数据

数据可视化 / 张荣光，郭改文主编 .— 上海：上海交通大学出版社，2021（2022.10 重印）

ISBN 978-7-313-24884-8

Ⅰ. ①数… Ⅱ. ①张… ②郭… Ⅲ. ①可视化软件—数据处理—高等学校—教材 Ⅳ. ① TP31

中国版本图书馆 CIP 数据核字（2021）第 074356 号

数据可视化
SHUJU KESHIHUA

主　　编：张荣光　郭改文
出版发行：上海交通大学出版社
邮政编码：200030
印　　制：北京荣玉印刷有限公司
开　　本：889 mm × 1194 mm　1/16
字　　数：290 千字
版　　次：2021 年 5 月第 1 版
书　　号：978-7-313-24884-8
定　　价：49.80 元

地　　址：上海市番禺路 951 号
电　　话：6407 1208
经　　销：全国新华书店
印　　张：11.5
印　　次：2022 年 10 月第 2 次印刷

查信息：intext 指令范围限制在网页正文(忽略超链接文本、URL、标题……)
allintext 指令搜索所有关键字都必须在网页的正文中。
减小范围：site：指令将搜索限制在站点或顶层域名上。
例：叶爽 site：大众传媒网址(忽略http不要)。

大数据、云计算、人工智能、信息安全人才培养丛书

大数据系列专家团队		
姓名	职称	研究方向
刘开南	教授	大数据边缘计算
刘明正	教授	数据分析采集
谢泽奇	教授	数据可视化
李志伟	教授	数据仓库
高丽杰	教授	大数据安全
钱振江	高级工程师	数据清洗
李　魏	教授	数据治理
李晓英	教授	数据可视化
王素华	教授	数据标准
张　晨	教授	大数据分析
靳　帅	教授	大数据技术
赵　鹏	高级工程师	数据可视化分析
张　帅	教授	大数据采集与分析
叶远浓	教授	数据可视化
张　洁	教授	数据仓库
梁军学	教授	大数据安全
张　浩	教授	数据清洗
张仁鹏	教授	数据治理
代　飞	教授	数据可视化
杨杉杉	教授	数据仓库技术
赵　噗	高级工程师	大数据安全

序

随着计算机与信息技术的迅猛发展和普及应用，行业应用系统的规模迅速扩大，行业应用所产生的数据呈爆炸性增长，动辄达到数百 TB 甚至数十至数百 PB 规模的行业、企业大数据已远远超出了传统计算技术和信息系统的处理能力。因此，寻求有效的大数据处理技术、方法和手段已成为现实世界的迫切需求。人们将越来越多地意识到数据对企业的重要性。大数据时代对人类的数据驾驭能力提出了新的挑战，也为人们获得更为深刻、全面的洞察能力提供了前所未有的空间与潜力。“大数据开启了一次重大的时代转型”，大数据将带来巨大的变革，改变我们的生活、工作和思维方式，改变我们的商业模式，影响我们的经济、政治、科技和社会等各个层面。

大数据行业应用需求日益增长，未来越来越多的研究和应用领域将需要使用大数据并行计算技术，大数据技术将渗透到每个涉及大规模数据和复杂计算的应用领域。不仅如此，以大数据处理为中心的计算技术将对传统计算技术产生革命性的影响，广泛影响计算机体系结构、操作系统、数据库、编译技术、程序设计技术和方法、软件工程技术、多媒体信息处理技术、人工智能，以及其他计算机应用技术。

大数据的高速发展也代表着新的生产力、新的发展方向，新一轮产业升级和生产力飞跃过程中，人才作为第一位的资源将发挥关键作用。大数据技术的发展将给研究计算机技术的专业人员带来新的挑战和机遇。国内外 IT 企业对大数据技术人才的需求正快速增长，未来 5 ~ 10 年内业界将需要大量的掌握大数据处理技术的人才。这一人才需求与能够提供的人才数量存在一个巨大的差距。目前，由于国内外高校开展大数据技术人才培养的时间不长，技术市场上掌握大数据处理和应用开发技术的人才还十分短缺。

本套大数据、云计算、人工智能、信息安全人才培养丛书中大数据方向的教材明确了适用专业、培养目标、培养规格、课程体系、师资队伍、教学条件、质量保障等各方面要求，是联合多所高校及多家知名企业共同编撰而成的校企合作教材，充分体现了产教深度融合、校企协同育人的理念，是在校企合作机制和人才培养模式的协同创新下打造的精品教材，既适合高等院校相关专业学生使用，也适用于企业相关岗位专业人才的培养。

计算机科学与技术教授 / 工学博士
大数据（高级）分析师

前言

数据可视化借助图形化手段，清晰有效地传达与沟通信息。为了有效地传达思想概念，使美学形式与功能需要齐头并进，可通过直观地传达关键的方面与特征，从而实现对相当稀疏而又复杂的数据集的深入洞察。数据可视化与信息图形、信息可视化、科学可视化以及统计图形密切相关。当前，在研究、教学和开发领域，数据可视化是一个极为活跃而又关键的方面。“数据可视化”这个术语实现了成熟的科学可视化领域与较年轻的信息可视化领域的统一。

数据可视化技术的基本思想是将数据库中的每一个数据项作为单个图元元素表示，大量的数据集构成数据图像，同时将数据的各个属性值以多维数据的形式表示，可以从不同的维度观察数据，从而对数据进行更深入的观察和分析。

开设“数据可视化”课程的目标旨在培养新一代的国际化全能大数据分析师，使他们精通数据挖掘、数据操纵和数据分析方面的基本及高级分析技术，熟悉大数据平台以及业务和行业需求，能借助图形化手段清晰有效地传达与沟通信息。大数据分析和可视化涉及机器学习的概念，可在社交媒体、移动分析和可视化，以及大数据分析的行业应用。

本书具有以下特色：

（1）通过章前的“学习目标”“知识导图”“本章导读”明确本章要学习的内容，使学生做好学习的准备；通过具体实例和程序，使读者更好地理解和掌握相关内容。

（2）在精练语言的基础上充分利用图、表等形象地描述知识点，帮助学生更好地理解所学内容。本书内容由浅入深，循序渐进，符合学生的认知规律。

（3）大数据技术发展迅速，本书着重讲解当前最新的知识和主流技术，使学生学到的知识和技术都与行业密切联系，力求做到学有所用。

此外，本书作者还为广大一线教师提供了服务于本书的教学资源库，有需要者可致电13810412048或发邮件至2393867076@qq.com。

由于编写时间仓促，加之网络技术发展迅猛，书中存在的不足和疏漏之处，敬请广大读者批评指正，以便再版时修订完善，在此表示衷心的感谢！

目录

第 4 章　文档可视化 / 61

第 5 章　可视化图表 / 73

第 6 章　数字图像处理 / 95

第 7 章　可视化动画 / 119

第 8 章 可视化 3D 图 / 141

第 9 章 词云 / 165

第 1 章 数据可视化概述

学习目标

1. 了解可视化的定义。
2. 了解数据可视化的发展。
3. 了解数据可视化的分类。
4. 了解数据可视化的应用。

知识导图

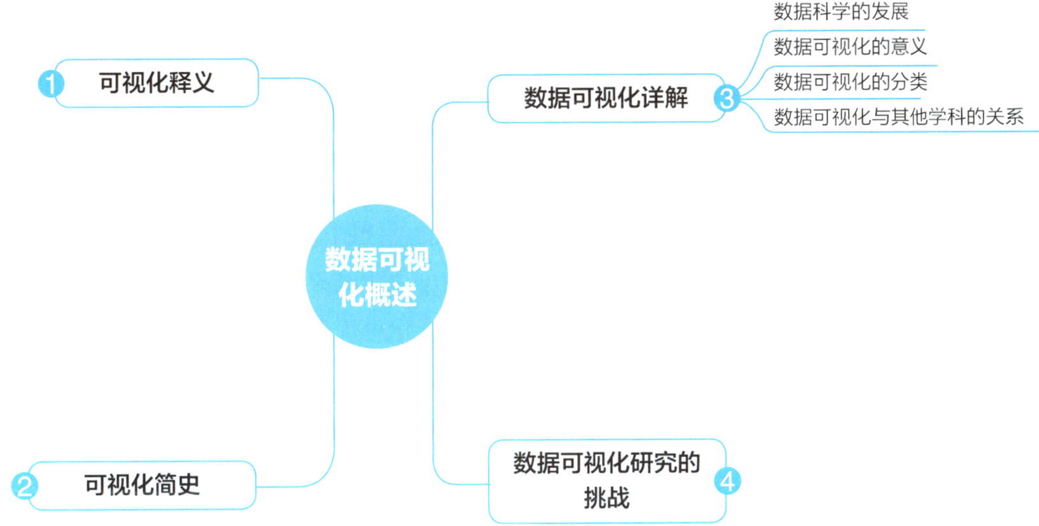

笔记

本章导读

数据可视化是关于数据视觉表现形式的科学技术研究。其中，这种数据的视觉表现形式可定义为：一种以某种概要形式抽提出来的信息，包括相应信息单位的各种属性和变量。

它是一个处于不断演变之中的概念，其边界在不断扩大，主要指较为高级的技术方法，这些技术方法允许利用图形图像处理、计算机视觉以及用户界面，通过表达、建模，以及对立体、表面、属性、动画的显示，对数据加以可视化解释。与立体建模之类的特殊技术方法相比，数据可视化所涵盖的技术方法要广泛得多。

数据可视化与信息图形、信息可视化、科学可视化以及统计图形密切相关。

1.1 可视化释义

人眼是一个高带宽的巨量视觉信号输入并行处理器，最高带宽为 100 MB/s，具有很强的模式识别能力，对可视符号的感知速度比对数字或文本快几个数量级，且大量的视觉信息的处理发生在潜意识阶段。其中的一个例子是视觉突变：在一大堆灰色物体中能瞬时注意到红色的物体。由于在整个视野中的视觉处理是并行的，不论物体所占区间多大，这种突变都会发生。视觉是获取信息最重要的通道，超过 50% 的人脑功能用于视觉的感知，包括解码可视信息、处理高层次可视信息和思考可视符号。

可视化与山岳一样古老。中世纪时期，人们就开始使用包含等值线的地磁图、表示海上主要风向的箭头图和天象图。可视化通常可理解为一个生成图形图像的过程。更深刻的认识是，可视化是认知的过程，即形成某个物体的感知图像，强化认知理解。因此，可视化的终极目的是对事物规律的洞悉，而非绘制的可视化结果本身。这里包含多重含义：发现、决策、解释、分析、探索和学习。因此，可视化可简明地定义为“通过可视表达提高人们完成某些任务的效率”。

从信息加工的角度看，丰富的信息将消耗人们大量的注意力。精心设计的可视化可作为某种外部内存，辅助人们在人脑之外保存待处理信息，从而补充人脑有限的记忆内存，有助于将认知行为从感知系统中剥离，提高信息认知的效率。另一方面，视觉系统的高级处理过程中包含一个重要部分，即有意识地集中注意力。人类执行视觉搜索的效率通常只能保持几分钟，无法持久。图形化符号可高效地传递信息，将用户的注意力引导到重要的目标上。

可视化的作用体现在多个方面，如揭示想法和关系，形成论点或意见，观察事物演化的趋势，总结或积聚数据，存档和汇总，寻求真相和真理，传播知识和探索性数据分析等。从宏观的角度看，可视化包括以下三个功能。

1. 信息记录

将浩如烟海的信息记录成文、世代传播的有效方式之一是将信息成像或采用草图记载。可视化图能极大地激发人们的智力和洞察力，帮助验证科学假设。例如，20 世纪自然科学最重要的三个发现之一——DNA 分子结构的发现起源于对 DNA 结构的 X 射线图

笔记

片的分析：从图像形状确定 DNA 是双螺旋结构，且两条骨架是反平行的，骨架在螺旋的外侧等这些重要的科学事实。

2. 支持对信息的推理和分析

数据分析的任务通常包括定位、识别、区分、分类、聚类、排列、比较、内外连接比较、关联、关系等。通过将信息以可视的方式呈现给用户，将直接提升对信息认知的效率，并引导用户从可视化结果分析和推理出有效信息。这种直观的信息感知机制极大地降低了数据理解的复杂度，突破了常规统计分析方法的局限性。

如图 1-1 所示，将实际的数据分布情况用二维可视化呈现时，观察者可迅速从数据中发现它们的不同模式和规律。

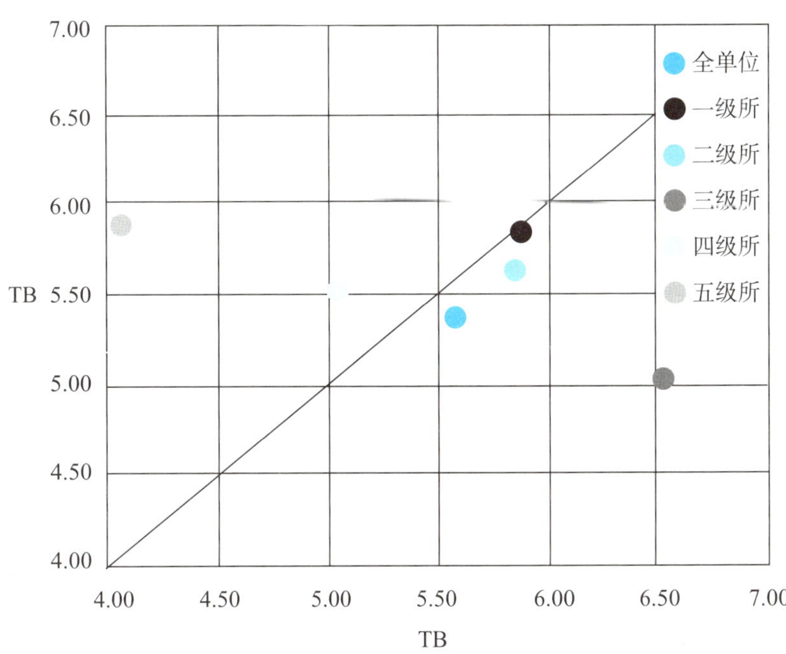

图 1-1 二维可视化呈现数据分布

可视化能显著提高分析信息的效率，其重要原因是扩充了人脑的记忆，帮助人脑形象地理解和分析所面临的任务。

3. 信息传播与协同

人的视觉感知是最主要的信息界面，它输入了人从外界获取的 70% 的信息。因此，俗语说“百闻不如一见”“一图胜千言”。面向公众用户传播与发布复杂信息的最有效途径是将数据可视化，达到信息共享与认证、信息协作与修正、重要信息过滤等目的。

在移动互联网时代，资源互联和共享、群体协同与合作成为科学和社会发展的新动力。美国华盛顿大学的可视化专家教授与蛋白质结构学家开发了一款名叫 Fold.It 的多用户在线网络游戏。该游戏让玩家从半折叠的蛋白质结构起步，根据简单的规则扭曲蛋白质使之成为理想的形状。实验结果表明，玩家预测出正确的蛋白质结构的速度比任何算法都快，而且能凭直觉解决计算机没办法解决的问题。这个实例表明，在处理某些复杂的科学问题上，人类的直觉胜于机器智能，也证明可视化、人机交互技术等协同式知识传播在科学发现中的重要作用。

笔记

1.2 可视化简史

可视化发展史（见图 1-2）与测量、绘画、人类现代文明的启蒙和科技的发展一脉相承。在地图、科学与工程制图、统计图表中，可视化理念与技术已经应用和发展了数百年。

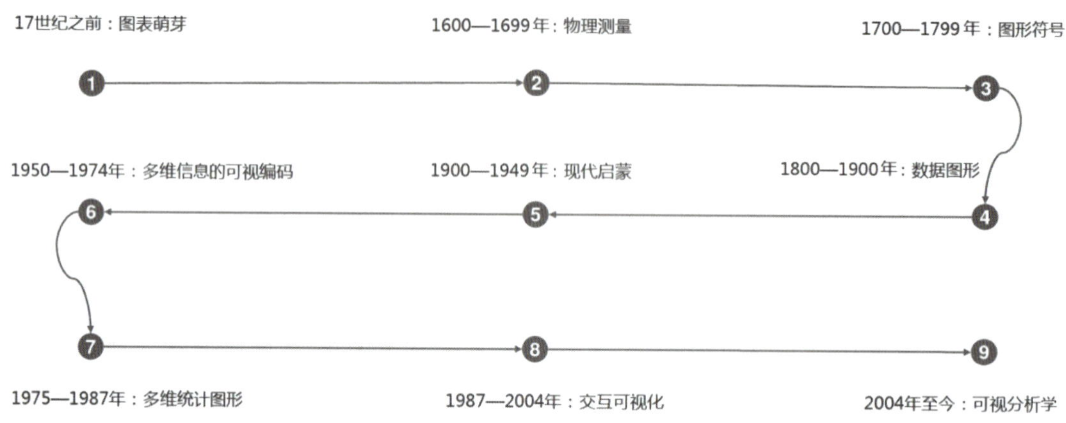

图 1-2 可视化发展史

1. 17 世纪之前：图表萌芽

16 世纪时，人类已经掌握了精确的观测技术和设备，也采用手工方式制作了可视化作品，可视化的萌芽出自几何图表的地图生成，其目的是展示一些重要的信息。图 1-3 所示为公元前 6200 年人类制作的地图。

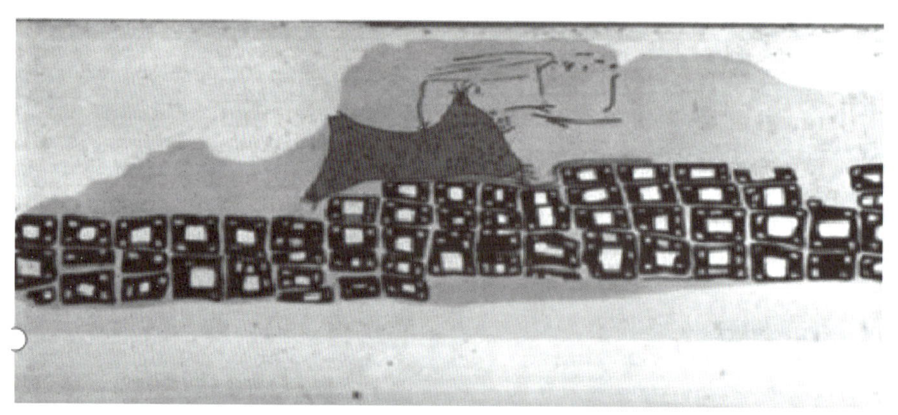

图 1-3 公元前 6200 年人类制作的地图

2. 1600—1699 年：物理测量

17 世纪最重要的科学进展是对物埋基本量（时间、距离、空间）的测量设备与理论的完善，它们被广泛用于航空、测绘、制图、浏览和国土勘探等。同时，制图学理论和实践也随着分析几何、测量误差、概率论、人口统计和政治版图的发展而迅速成长。17 世纪末，甚至产生了基于真实测量数据的可视化方法。从这时起，人类开始了可视化思考的新模式。

在一个视图上同时可视化多个小图序列，是现代可视化技术中称为邮票图表法的雏形。图 1-4 为 1686 年绘制的历史上第一幅天气图，显示了地球的主流风场分布。这也是向量场可视化的鼻祖。

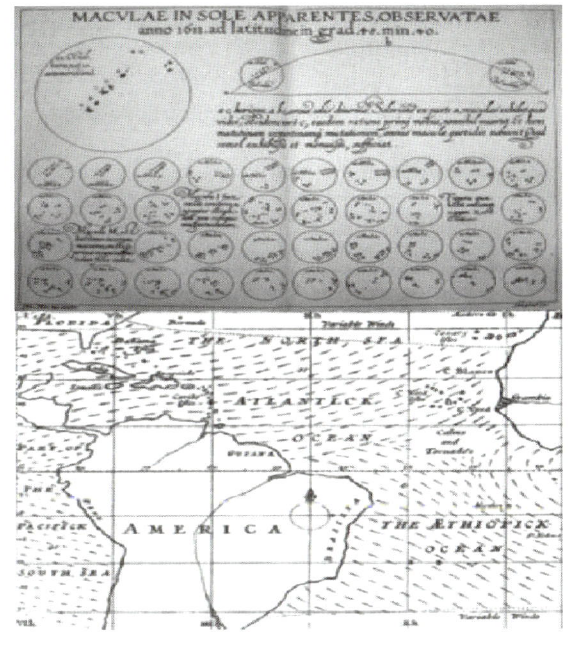

图 1-4　历史上第一幅天气图

3. 1700—1799 年：图形符号

进入 18 世纪，绘图师不再满足于在地图上展现几何信息，发明了新的图形化形式（等值线、轮廓线）和其他物理信息的概念图（地理、经济、医学）。随着统计理论、实践数据分析的发展，发明了抽象图和函数图。图 1-5 表示 1701 年地球等磁线的可视化。

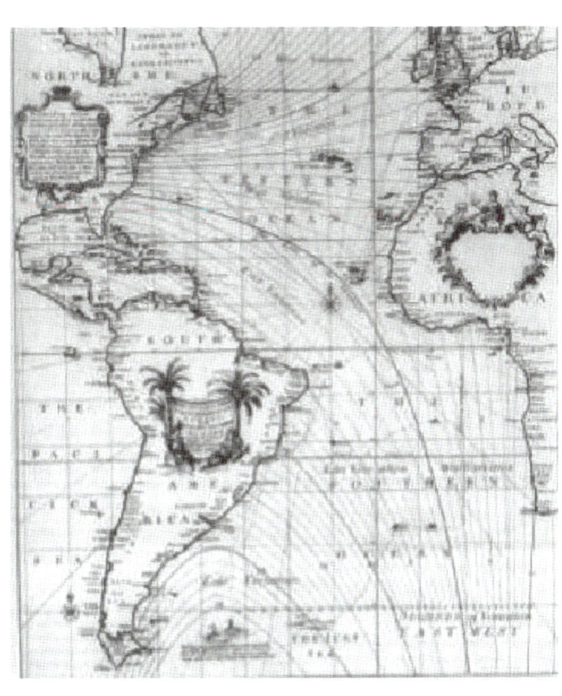

图 1-5　地球等磁线的可视化

笔记

18 世纪是统计图形学的繁荣时期，其奠基人 William Playfair 发明了折线图、柱状图、显示局部与整体关系的饼状图和圆图等今天最常用的统计图表。

4. 1800—1900 年：数据图形

随着工艺设计的完善，19 世纪上半叶，统计图形、概念图等迅猛爆发，此时人们已经掌握了整套统计数据可视化工具，包括柱状图、饼图、直方图、折线图、时间线、轮廓线等。关于社会、地理、医学和经济的统计数据越来越多，将国家的统计数据和其可视表达放在地图上，产生了概念制图的新思维，其作用开始体现在政府规划和运营中。采用统计图辅助思考的诞生同时衍生了可视化思考的新方式：图表用于表达数学证明和函数；列线图用于辅助计算；各类可视化显示用于表达数据的趋势和分布，便于交流、获取和可视化观察。

19 世纪下半叶，系统地构建可视化方法的条件日渐成熟，进入了统计图形学的黄金时期。

图 1-6 为 1837 年人类历史上第一幅流图，用可变宽度的线段显示了交通运输的轨迹和乘客数量。

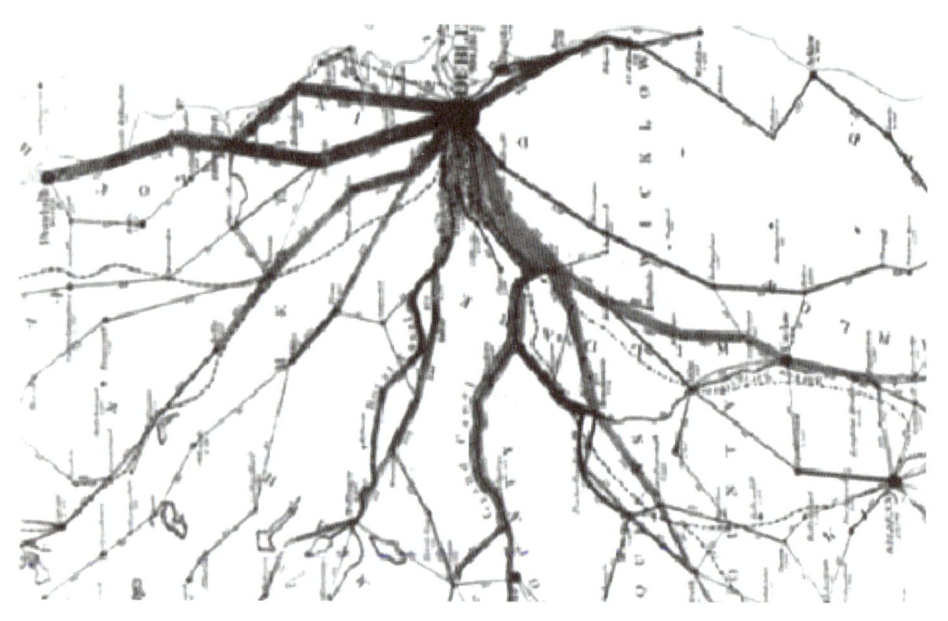

图 1-6　人类历史上第一幅流图

5. 1900—1949 年：现代启蒙

20 世纪上半叶对于可视化而言是一个缺乏创新的时期，但是可视化随着统计图形的主流化开始面向政府、商业和科学走向应用普及，人们第一次意识到图形显示的方式能为航空、物理、天文和生物等科学与工程领域提供新的洞察和发现机会。多维数据可视化和心理学的介入成为这个时期的重要特点。如图 1-7 所示，关于太阳黑子随时间扰动的蝴蝶图验证了太阳黑子的周期性。

笔记

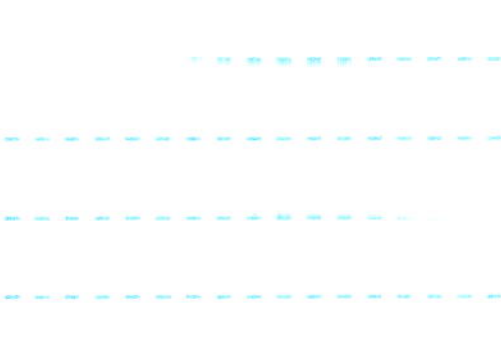

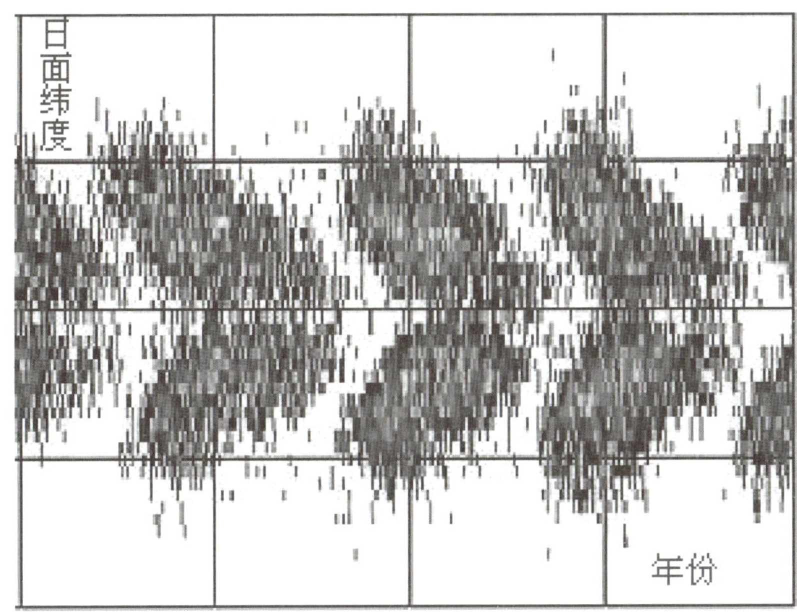

图 1-7　太阳黑子随时间扰动的蝴蝶图

6. 1950—1974 年：多维信息的可视编码

1967 年，法国人出版的《图形图像学》一书中确定了构成图形的基本要素，并且描述了一种关于图形设计的框架。这套理论奠定了信息可视化的理论基石。随着个人计算机的普及，人们逐渐开始采用计算机编程生成可视化。

图 1-8 为 1957 年发明的图形图表（采用线性及其朝向编码多维数据）和 1973 年 Herman Chernoff 发明的表达多变量数据的脸谱编码。

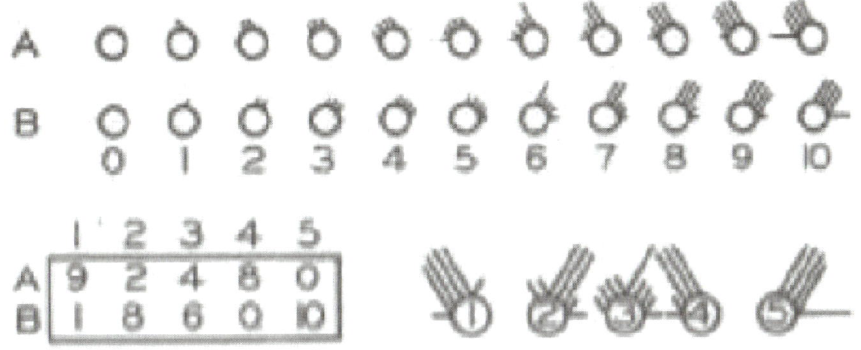

Faces Photo of Automobile date

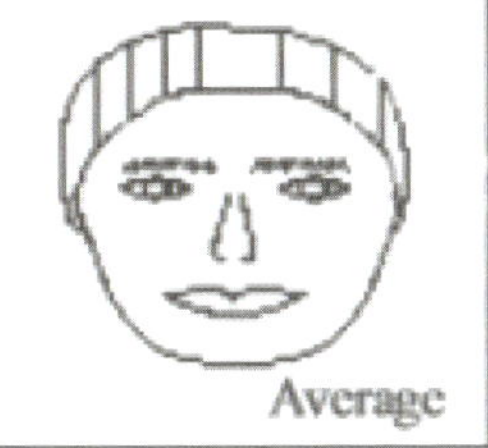

图 1-8　多维编码可视化

笔记

7. 1975—1987 年：多维统计图形

20 世纪 70 年代以后，桌面操作系统、计算机图形学、图形显示设备、人机交互等技术的发展激发了人们编程实现交互式可视化的热情。处理范围从简单的统计数据扩展为更复杂的网络、层次、数据库、文本等非结构化与高维数据。与此同时，高性能计算、并行计算的理论与产品正处于研制阶段，催生了面向科学与工程的大规模计算方法。数据密集型计算开始走上历史舞台，也造就了对于数据分析和呈现的更高需求。

1977 年，美国著名统计学家 John Tukey 发表了“探索式数据分析”的基本框架，它的重点并不是可视化的效果，而是将可视化引入统计分析，促进对数据的深入理解。1982 年，Edward Tufte 出版了 *The Visual Display of Quantitative Information* 一书，构建了关于信息的二维图形显示的理论，强调有用信息密度的最大化问题。

图 1-9 为 1981 年发明的鱼眼方法，模拟鱼眼效果对重要细节予以关注，对其他区域予以简化。

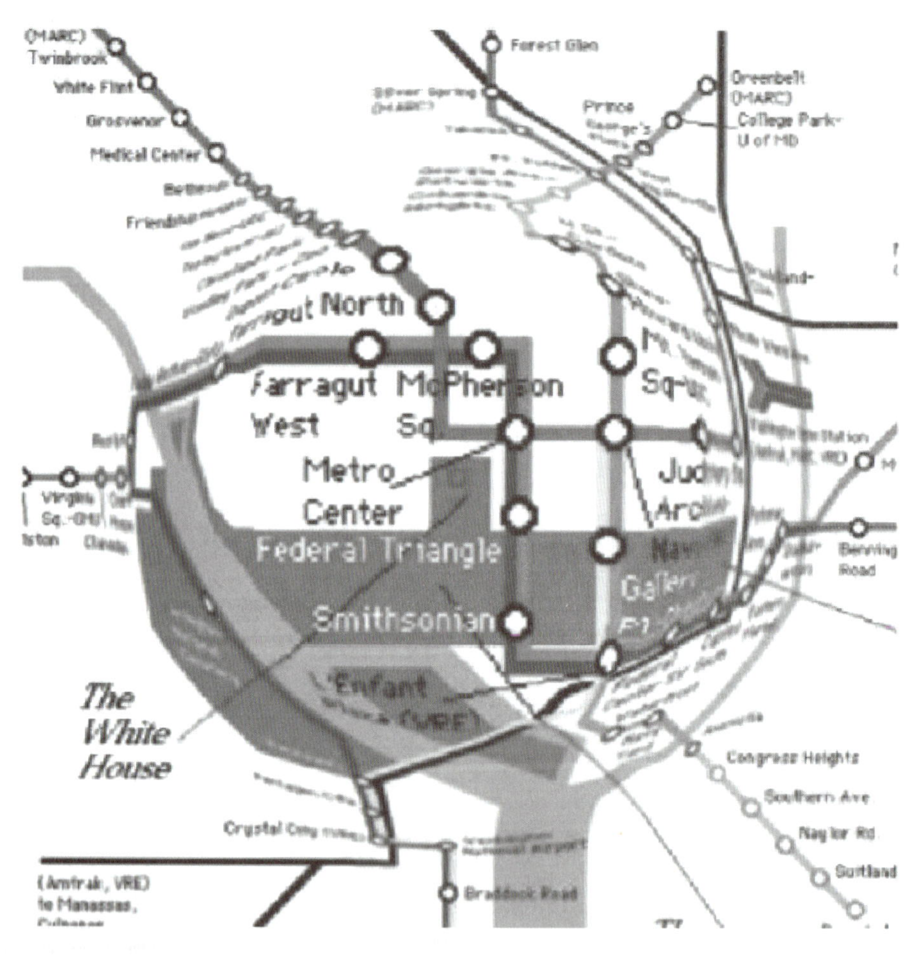

图 1-9　鱼眼视图可视化法

8. 1987-2004 年：交互可视化

1986 年 10 月，美国国家科学基金会主办了一次名为“图形学、图像处理及工作站专题讨论”的研讨会，旨在为从事科学计算工作的研究机构提出方向性建议。会议将计算机

笔记

图形学和图像方法应用于计算科学的学科称为“科学计算之中的可视化”（Visualization in Scientific Computing，VISC）。

1987 年 2 月，美国国家科学基金会召开了首次有关科学可视化的会议，召集了众多学术界、工业界及政府部门的研究人员，会议报告正式命名并定义了科学可视化，认为可视化有助于统一计算机图形学、图像处理、计算机视觉、计算机辅助设计、信号处理和人机界面中的相关问题，具有培育和促进科学突破和工程实践的潜力。

1990 年，IEEE 举办了首届 IEEE Visualization Conference，汇集了一个由物理、化学、计算、生物医学、图形学、图像处理等交叉学科领域研究人员组成的学术群体。2012 年，为突出科学可视化的内涵，会议更名为 IEEE Conference on Scientific Visualization。

自 18 世纪后期统计图形学诞生后，针对抽象信息的视觉表达手段仍然在不断发展，被用于揭示数据及其他隐匿模式奥秘。与此同时，数字化的非几何的抽象数据（如金融交易、社交网络、文本数据等）大量涌现，促生了多维、时变、非结构化信息的可视化需求。

20 世纪 80 年代末，视窗系统的问世使得人们能够直接与信息进行交互。1988 上，著名的统计图形学学者 William Clevrland 在著作 *Dynamic Graphics for Statistics* 中详细总结了面向多变量统计数据的动态可视化手段。从 1995 年开始，出现了单独面向信息可视化的会议。

图 1-10 表示采用直接体可视化技术绘制的鳄鱼木乃伊。

图 1-10　绘制鳄鱼木乃伊

9. 2004 年至今：可视分析学

进入 21 世纪，现有的可视化技术已难以应对少量、高维、多源和动态数据的分析挑战，需要综合可视化、图形学、数据挖掘理论与方法，研究新的理论模型、新的可视化方法和新的用户交互手段，辅助用户从大尺度、复杂、矛盾甚至不完整的数据中快速挖掘有用的信息，以便做出有效决策，这门新兴的学科称为可视分析学。

可视分析学是一门新兴的学科，其核心理论基础和研究方法尚处于探索阶段。从 2004 年起，研究界和工业界都朝着面向实际数据库、基于可视化的分析推理与决策、解

笔记

决实际问题等方向发展。

2005 年，美国国家科学基金会联合美国国家卫生研究所召集了一个新的专题小组，讨论可视化研究的现状和面临的挑战，并于 2006 年发布了一个专题报告描述大规模可视化所面临的挑战。与此同时，2004 年美国国土安全部为了应对恐怖袭击，成立了国家可视分析中心，2005 年发布的“可视分析的研究和发展规划”报告全面阐述了可视分析的挑战。

值得注意的是，可视分析的基本理论与方法仍然是正在形成且需要深入探讨的前沿科学问题。从 20 世纪 90 年代开始，我国的各大科研单位和科研人员已经在可视化领域投入了极大的精力，为应用领域认识和使用可视化奠定了坚实的基础。尽管如此，先进的可视分析软件和算法在国内仍尚未得到普遍的理解。注意，我国的数据采集、分析与应用应当自主研发，不能任由国外垄断公司采集和处理，否则将危及国民生活与国防安全。我国急需对可视分析的基础理论和方法展开研究，对涉及国家大工程、国家安全、国民经济等重要领域数据的可视分析研究应自主进行。

1.3 数据可视化详解

数据可视化旨在借助图形化手段清晰有效地传达与沟通信息。但是，这并不意味着数据可视化就一定因为要实现其功能用途而令人感到枯燥乏味，或者是为了看上去绚丽多彩而显得极端复杂。为了有效地传达思想概念，美学形式与功能需要应齐头并进，通过直观地传达关键的方面与特征，从而实现对相当稀疏而又复杂的数据集的深入洞察。设计人员往往由于把握不好设计与功能之间的平衡，从而创造出华而不实的数据可视化形式，无法达到主要目的，也就是无法传达与沟通信息。

1.3.1 数据科学的发展

信息科学领域面临的一个巨大挑战是数据爆炸。然而，人类分析数据的能力已经远远落后于获取数据的能力。这个挑战不仅在于数据量越来越大、高维、多元源、多态，更重要的是数据获取的动态性、数据内容的噪声和互相矛盾、数据关系的异构与异质性等。2013 年 3 月，美国政府发布了“大数据研究和发展倡议”，提出“通过收集、处理庞大而复杂的数据信息，从中获得知识和洞见，提升能力，加快科学、工程领域的创新步伐，强化美国国土安全，转变教育和学习模式”。至此，学术界达成共识，即关于数据的特定科学研究成为一门新的学科：数据科学。

在信息管理、信息系统和知识管理学科中，最基本的模型是“数据、信息、知识、智慧（Data, Information, Knowledge, Wisdom, DIKW）”层次模型。它以数据为基层架构，按照信息流顺序依次完成数据到智慧的转换。四者之间的结构和功能方面的关系构成了信息科学的基础理论。在数据科学中，这种模型也作为一种数据处理流程，完成从原始数据的转化。

笔记

1. 数据

从信息获取的角度看，数据是对目标观察和记录的结果，是关于现实世界中的时间、地点、事件、其他对象或概念的描述。在表达为有用的形式之前，数据本身没有用途，关于数据，不同的学者给出了不同的定义，大致分为以下 3 类。

（1）数据即事实：数据是未经组织和处理的、离散的、客观的观察。由于缺乏上下文和解释，所以数据本身没有含义和价值。如果将事实定义为真实的、正确的观察，那么并不是所有的数据都是事实，错误的、无意义的和非感知的数据不属于事实。

（2）数据即信号：从获取的角度理解，数据是基于感知的信号刺激或信号输入，包括视觉、听觉、嗅觉、味觉和触觉。由于每种感官都对应了某个信息通道，所以数据也可定义为某个器官能接收到的一种或多种能量波或能量粒子（如光、热、声、力和电磁等）。

（3）数据即符号：无论数据是否有意义，数据都可定义为表达感官刺激或感知的符号集合，即某个对象、事件或所处环境的属性。代表性的符号，如单词、数字、图表和图像视频等，都是人类社会中用于沟通的基本手段。因此，数据就是记录或保存的事件或环境的符号。

2. 信息

信息和数据的区别在于信息是有用的、有意义的，可以回答诸如认证、什么、哪里、多少、什么时候等问题，因此可以赋予数据生命力，辅助用户决策或行动。进一步讲，信息可以采用描述的方式定义知识。信息有如下两类特性。

（1）结构性与功能性：信息是组织好的结构化数据，与某个特定目标和上下文关联，因此是有意义的、有价值的、有关联的。从这个意义上说，信息和数据的判别在于结构，而不是两者的功能。

（2）象征性或主体性：信息是通用的、以符号和信号形式存在的数据。另一个观点则认为，信息具有主体性，符合所依附的对象。

3. 知识

知识是一个隐晦的、意会的、难以描述和定义的概念，是被处理、组织过、应用或付诸行动的信息。知识又是框架化的经验、价值、情境信息、专家观察和基本直觉的流动的混合，它提供了一个环境和框架，用于评估和融入新的经验和信息。知识是原语，应用于知识者的意识之中。知识通常体现于文档和资料的描述中，也流转于组织机构的流程、处理和实践中。

（1）知识即处理：与信息是组织化或结构化数据的定义相似，知识既是多个信息源在时间上的合成，也是情境信息、价值、经验和规则的混合，也可看成互联的信息。

（2）知识即过程：知识是一个通过实践经验了解如何做、是谁、什么时候等“Know-How”的过程。知识从经验背景中引申出一个连贯和自我一致的协调性行为。如果信息是描述性的，那么知识并不是对行动的描述，而是意味着行动。也有人将知识定义为数据和信息的应用。

笔记

（3）知识即命题：知识有时候被认为是信念的构建、与认知框架有关的外部化。知识的另一个定义是，主观的关于世界和所在环境的感知：关于对象（整体、联合）的独特性观察。

4. 智慧

智慧是启示性的，本意是知道为什么，知道如何去做。智慧和信息的区别等价于为什么做和为什么是。在知识和智慧之间存在一种状态：理解，它是一种对为什么的欣赏。智慧可增加有效性和价值，它蕴涵的伦理和美学的价值与主体一脉相承，并且是独特和个性化的。

1.3.2 数据可视化的意义

在 DIKW 模型所定义的数据转化为智慧的流程中，可视化借助人眼快速的视觉感知和人脑的智能认知能力可以起到清晰有效地传达、沟通并辅助数据分析的作用。现代的数据可视化技术综合运用计算机图形学、图像处理、人机交互等技术，将采集或模拟的数据变换为可识别的图形符号、图像、视频或动画，并以此呈现对用户有价值的信息。用户通过对可视化的感知，使用可视化交互工具进行数据分析，获取知识，并进一步提升为智慧。

关于数据可视化适用范围，存在不同的观点。例如，有专家认为数据可视化是可视化的一个子类目，主要处理统计图形、抽象的地理信息或概念型的空间数据。现代的主流观点将数据可视化看成传统的科学可视化和信息可视化的泛称，即处理对象可以是任意数据类型、任意数据特性，以及异构异质数据的组合。大数据时代的数据复杂性更高，如数据的流模式获取、非结构化、语义的多重性等。

数据可视化的作用在于视物致知，即从看见物体到获取知识。对于复杂、大尺度的数据，已有的统计分析或数据挖掘方法往往是对数据的简化和抽象，隐藏了数据真实的结构，而数据可视化则还原乃至增强数据中的全局结构和具体细节。当然，数据可视化经常会陷入两个误区：为了实现其获取知识的功能而令人感到枯燥乏味；或者为了画面美观而采用复杂的图形。如果将数据可视化看成艺术创作过程，则数据可视化需要达到真、善、美的均衡，达到有效地挖掘、传播与沟通数据中蕴涵的信息、知识与思想，实现设计与功能之间的平衡。

真，即真实性，指是否正确地反映了数据的本质，以及对所反映的事物和规律有无正确的感受和认识。数据可视化之真是其基石。例如，在医学研究领域，数据可视化可以通过可视化不同形态的医学影像、化学检验、电生理信息、过往病史等，帮助医生了解病情发展、病灶区域，以拟定治疗方案。

善，即倾向性，也就是可视化所表达的意象对于社会和生活具有什么意义和影响。某专家认定，可视化的终极目标在于帮助公众理解人类社会发展和自然环境的现状，实现政府与职能部门运行的透明。

美，即可视化的艺术完美性，指其形式与内容是否和谐统一，是否有艺术个性，是否有创新和发展。

笔记

1.3.3 数据可视化的分类

数据可视化的处理对象是数据。自然地，数据可视化包含处理科学数据的科学可视化与处理抽象的、非结构化信息的信息可视化两个分支。广义上，面向科学与工程领域的科学可视化研究带有空间坐标和几何信息的三维空间测量数据、计算模拟数据和医学影像数据等，重点探索如何有效地呈现数据中的几何、拓扑和形状特征。数据可视化的处理对象则是非结构化、非几何的抽象数据，如金融交易、社交网络和文本数据，其核心挑战是如何针对大尺度高维数据减少视觉混淆对有用信息的干扰。另一方面，数据分析的重要性将可视化与分析结合形成一个新的学科：可视化分析学。科学可视化、信息可视化和可视化分析学三个学科方向通常被看成可视化的三个主要分支。

1. 科学可视化

科学可视化是可视化领域最早、最成熟的一个跨学科研究与应用领域，面向的领域主要是自然科学，如物理、化学、气象气候、航空航天、医学、生物学等各个学科，这些学科通常需要对数据和模型进行解释、操作与处理，旨在寻找其中的模式、特点、关系以及异常情况。

科学可视化的基础理论与方法已经相对成形。早期的关注点主要是三维真实世界的物理化学现象，因此数据通常表达在三维或二维空间，或包含时间维度。鉴于数据的类别可分为标量（密度、温度）、风向（风向、力场）、张量（压力、弥散）三类，科学可视化也可粗略分为三类。

（1）标量场可视化。标量是指单个数值，即在每个记录的数据点上有一个单一的值。标量场指二维、三维或四维空间中每个采样处都有一个标量值的数据场。标量场的来源分为两类：第一类从扫描或测量设备获得，如从医学断层扫描设备获取的 CT、MRI 三维影像；第二类从计算机或机器仿真中获得，如从核聚变模拟中产生的壁内温度分布。

（2）向量场可视化。向量场在每一个采样点是一个向量（一维数组）。向量代表某个方向或趋势，例如，来源于测量设备的风向和旋涡等；来源于数据仿真的速度和力量等。向量场可视化的主要关注点是其中蕴涵的流体模式和关键特征区域。在实际应用中，由于二维或三维流场是最常见的向量场，所以流场可视化是向量场可视化中最重要的组成部分。

（3）张量场可视化。张量是矢量的推广：标量可看作 0 阶张量，矢量可看作 1 阶张量。张量场可视化方法分为纹理、几何和拓扑三类。基于纹理的方法将张量场转换为静态图像或动态图像序列，图释张量场的全局属性。其思路是将张量场简化为向量场，进而采用线积分法、噪声纹理法等方法显示。基于几何的方法显式地生成刻画某类张量场属性的几何表达。其中，图标法采用某种几何形式表达单个张量，如椭球和超二次曲面；

笔记

超流线法将张量转换为向量（如二阶对称张量的主特征方向），再沿主特征方向进行积分，形成流线、流面或流体。基于拓扑的方法计算张量场的拓扑特征（如关键点、奇点、灭点、分叉点和退化线等），依次将感兴趣区域剖分为具有相同属性的子区域，并建立对应的图结构，实现拓扑简化、拓扑跟踪和拓扑显示。基于拓扑的方法可有效地生成多变量场的定性结构，快速构建全局流场结构，特别适合于数值模拟或实验模拟生成的大尺度数据。

以上分类不能概括科学数据的全部内容。随着数据的复杂性提高，一些带有语义的信号、文本、影像等也是科学可视化的处理对象，且其呈现空间变化多样。

2. 信息可视化

信息可视化处理的对象是抽象的、非结构化数据集合（如文本、图表、层次结构、地图、软件、复杂系统等），传统的信息可视化起源于统计图形学，又与信息图形、视觉设计等现代技术相关，其表现形式通常在二维空间，因此关键问题是在有限的展现空间中以直观的方式传达大量的抽象信息。与科学可视化相比，信息可视化更关注抽象、高维数据，此类数据通常不具有空间中位置的属性，要根据特定数据分析的需求决定数据元素在空间的布局，因此信息可视化的方法与所针对的数据类型紧密相关。按数据类型划分，数据可视化大致分为如下 4 类。

（1）时空数据可视化。时间与空间是描述事务的必要因素，因此，地理信息数据和时空数据的可视化也显得至关重要。对于地理信息数据可视化来说，合理地选择和布局地图上的可视化元素，从而呈现尽可能多的信息是关键。时变数据通常具有线性和周期性两种特征，需要依此选择不同的可视化方法。

（2）层次与网络结构数据可视化。网络（图）数据是现实世界中最常见的数据类型之一。人与人之间的关系、城市之间的道路连接、科研论文之间的引用组成了网络。层次结构（树）则是有一个根节点，并且不存在回路的特殊网络，例如公司的组织结构、文件系统的目录结构、家谱等。层次与网络结构数据通常都使用点线图来可视化，如何在空间中有效地布局节点和连线是可视化的关键。

（3）文本和跨媒体数据可视化。随着网络媒体，特别是社交媒体的迅速发展，每天都会产生海量的文本数据，人们对于视觉符号的感知和认知速度远远高于文本，因此，通过可视化呈现其中蕴涵的有价值的信息将大大提高人们对这些数据的利用率。我们需要从非结构化文本数据中提取结构化信息，并进行可视化。

（4）多变量数据可视化。用于描述现实世界中复杂问题和对象的数据通常是多变量的高维数据，如何将其在二维屏幕上呈现是可视化面临的挑战。多变量数据的可视化方法包括将数据降维度空间，使用相互关联的多视图同时表现不同维度，等等。

在数据爆炸时代，信息可视化面临巨大的挑战：在海量、动态变化的信息空间中辅助人类理解、挖掘信息，从中检测预期的特征，并发现未预期的知识。

3. 可视化分析学

笔记

可视化分析学可定义为一门以可视交互界面为基础的分析推理科学。它综合了图形学、数据挖掘和人机交互等技术，以可视交互界面为通道，将人的感知和认知能力以可视的方式融入数据处理过程，形成人脑智能和机器智能优势互补和相互提升，建立螺旋式信息交流与知识提炼途径，完成有效的分析推理和决策。

新时期科学发展和工程实践的历史表明，智能数据分析所产生的知识与人类掌握的知识的差异正是导致新的知识发现的根源，而表达、分析与检验这些差异必须充分利用人脑智能。另外，当前的数据分析方法大都基于先验模型，易于检测已知模式和规律，对复杂、异构、大尺度数据的自动处理经常会失效，例如，不知道数据中蕴含的模式；搜索空间过大；特征模式过于模糊；参数很难设置，等等。而人的视觉识别能力和智能恰好可以辅助解决这些问题。另外，自动数据分析的结果通常带有噪声，需要人工干预排除。为了有效结合人脑智能与机器智能，一个必经途径是以视觉感知为通道，通过可视交互界面，形成人脑和机器智能的双向转换，将人的智能，特别是“只可意会，不能言传”的人类知识和个性化经验，可视地融入整个数据分析和推理决策过程中，使得数据的复杂度逐步降低到人脑和机器智能可处理的范围。这个过程逐渐形成了可视分析这一交叉信息处理的新思路。迄今为止，可视分析的基本理论与方法仍然是一个有待解决的新课题，值得深入研究。

可视化分析学可看成集成可视化、人的因素和数据分析的一种新思路。其中，感知与认知科学研究人在可视化分析学中的重要作用；数据管理与知识表达是可视分析构建数据转换的基础理论；地理分析、信息分析、科学分析、统计分析、知识发现是可视化分析学的核心分析论方法；在整个可视分析过程中，人机交互必不可少，用于驾驭模型构建、分析推理和信息呈现等整个过程；可视分析流程中推导出的结论与知识最终需要向用户表达和传播。

可视化分析学是一门综合性学科，与多个领域相关：在可视化方面，有信息可视化、科学可视化与计算机图形学；与数据分析相关的领域包括信息获取、数据处理和数据挖掘；而在交互方面，则有人机交互、认知科学和感知等学科融合。

科学可视化、信息可视化和可视分析三者之间没有清晰的边界。科学可视化的研究重点是带有空间坐标和几何信息的医学影像数据、三维空间信息测量数据、流体计算模拟数据等。由于数据的规模通常超过图形硬件的处理能力，所以如何快速地呈现数据中包含的几何、拓扑、形状特征和演化规律是其核心问题。随着图形硬件和可视化算法的迅猛发展，单纯的数据显示已经得到了较好的解决。信息可视化的核心问题主要有高维数据的可视化、数据间各种抽象关系的可视化、用户的敏捷交互和可视化有效性的诊断等。可视分析侧重于从各类数据综合、意会和推理出知识，其实质是可视地完成机器智能和人脑智能的双向转换，整个探索过程是迭代的、螺旋式上升的过程。

笔记

1.3.4 数据可视化与其他学科的关系

数据可视化既与信息图、信息可视化、科学可视化以及统计图形密切相关，也是数据科学中必不可少的环节。数据科学在研究、教学和工业界等领域方兴未艾，数据可视化是一个活跃且关键的方面。下面简单总结数据可视化与其他学科领域的关系。

1. 图形学、人机交互

计算机图形学是一门通过软件生成二维、三维或四维动态影像的学科。起初，可视化通常被认为是计算机图形学的子学科。通俗地说，计算机图形学关注数据的空间建模、外观表达与动态呈现，它为可视化提供数据的可视编码和图形呈现的基础理论与方法。数据可视化则与具体应用和不同领域的数据密切相关。由于可视化分析学的独特属性以及数据分析之间的紧密结合，数据可视化的研究内容和方法已经逐渐独立于计算机图形学，形成一门新学科。

计算机动画是图形学的子学科，是视频游戏、动漫、电影特效中的关键技术，它以计算机图形学为基础，在图形生成的基本范畴下延伸出时间轴，通过在连贯的时间轴上呈现相关的图像表达某类动态变化。计算机动画主要包括二维动画、三维动画、非真实感动画等门类。数据可视化采用计算机动画这种表现手法展现数据的动态变化，或者发掘时空数据中的内在规律。

计算机仿真指采用计算设备模拟特定系统的模型。这些系统包括物理学、计算物理学、化学以及生物学领域的天然系统；经济学、心理学以及社会科学领域的人类系统。它是数学建模理论的计算机实践，能模拟现实世界上难以实现的科学实验、工程设计和规划、社会经济预测等运行情况或者行为表现，允许反复试错，既节约了成本，又可提高效率。随着计算硬件和算法的发展，计算机仿真能模拟的规模和复杂性已经远远超出传统数学建模所能企及的高度。因而，大规模计算仿真被认为是继科学实验与理论推导之后，科学探索和工程实践的第三推动力。计算机仿真获得的数据是数据可视化的处理对象之一，而将仿真数据以可视化形式表达是计算机仿真的核心方法。

人机交互指人与机器之间使用某种语言以一定的交互方式，为完成确定任务的信息变换过程。人机交互是信息时代数据获取与利用的必要途径，是人与机器之间的信息通道。人机交互与计算机科学、人工智能、心理学、社会学、图形、工业设计等相关。在数据可视化中，通过人机界面接口实现用户对数据的理解和操纵，数据可视化的质量和效率需要最终的用户评判。因此，数据、人、机器之间的交互是数据可视化的核心。

2. 数据库与数据仓库

数据库是按照数据结构组织、存储和管理数据的仓库，它高效地实现数据的录入、查询、统计等功能。尽管现代数据库已经从最简单的存储数据表格发展到海量、异构数据存储的大型数据库系统，但是它的基本功能中仍然不包括复杂数据的关系和规则的分析。数据可视化通过数据的有效呈现，有助于对复杂关系和规则的理解。

笔记

面对海量信息的需要，数据库的一种新的应用是数据仓库。数据仓库是面向主题的、集成的、相对稳定的、随时间不断变化的数据集合，用以支持决策制订的过程。在数据进入数据仓库之前，必须经过数据加工和集成。数据仓库的一个重要特性是稳定性，即数据仓库反映的是历史数据。

数据库和数据仓库是大数据时代数据可视化方法中必须包含的两个环节。为了满足复杂大数据的可视化需求，必须考虑新型的数据组织管理和数据仓库技术。

3. 数据分析与数据挖掘

数据分析是统计分析的扩展，指用数据统计、数值计算、信息处理等方法分析数据，采用已知的模型分析数据，计算与数据匹配的模型参数。常规的数据分析包含三步：第一步，探索性数据分析，通过数据拟合、特征计算和作图造表等手段探索规律性的可能形式，确定相适应的数据模型和数值解法；第二步，模型待定分析，在探索性分析的基础上计算若干类模型，通过进一步分析挑选模型；第三步，推断分析，使用数理统计等方法推断和评估选定模型的可靠性和精确度。

不同的数据分析任务各不相同。例如，关系图分析的 10 个任务是：值检索、过滤、衍生值计算、极值的获取、排序、范围确定、异常检测、分布描述、聚类、相关值。

数据挖掘指从数据中计算适合的数据模型，分析和挖掘大量数据背后的知识，它的目标是从大量的、不完全的、有噪声的、模糊的、随机的数据中，提取隐含在其中的、未知的、潜在有用的信息和知识。数据挖掘的方法可以是演绎的，也可以是归纳的。数据挖掘可发现很多类型的知识——反映同类事物共同性质的广义型知识；反映事物各方面特征的特征型知识；反映不同事物之间属性差别的差异型知识；反映事物和其他事物之间依赖或关联的关联型知识；根据当前历史和当前数据推测未来数据的预测型知识；揭示事物偏离常规出现异常现象的偏离型知识。

数据可视化和数据分析与数据挖掘的目标都是从数据中获取信息与知识，但手段不同。两者已成为科学探索、工程实践与社会生活中不可缺少的数据处理和发布的手段。数据可视化将数据呈现为用户易于感知的图形符号，让用户交互地理解数据背后的本质；而数据分析与数据挖掘通过计算机自动或半自动地获取数据隐藏的知识，并将获取的知识直接给予用户。

数据挖掘领域注意到了可视化的重要性，提出了可视数据挖掘的方法，其核心是将原始数据和数据挖掘的结果用可视化方法予以呈现。这种方法糅合了数据可视化的思想，但利用的仍然是机器智能挖掘数据，与数据可视化基于视觉化思考的大方针不同。

值得注意的是，数据挖掘与数据可视化是处理和分析数据的两种思路。数据可视化更善于探索性数据的分析，例如，用户不知道数据中包含什么样的信息和知识；而数据模型没有一个预先的探索假设，只是探寻数据中到底存在何种有意义的信息。

4. 面向领域的可视化方法与技术

数据可视化是对各类数据的可视化理论与方法的统称。在可视化历史上，与领域专家

笔记

的深度结合导致面向领域的可视化方法与技术。

生命科学可视化，指面向生物科学、生物信息学、基础医学、转化医学、临床医学等一系列生命科学探索与实践中产生的数据的可视化方法。它本质上属于科学可视化。由于生命科学的重要性，以及生命科学数据的复杂系统，生命科学可视化已经成为一个重要的交叉型研究方向。2011 年，IEEE VIS 举办了面向生命科学的可视化研讨会。

表意性可视化，指以抽象、艺术、示意性的手法阐明、解释科技领域的可视化方法。早期的表意性可视化以人体为描绘对象，类似于中学的生理卫生课本和大专医科院校的解剖课程上的人体器官示意图。在科学向文明转化的传导过程中迸发了大量需要表意性可视化的场合，如教育、训练、科普和学术交流等。在数据爆炸时代，表意性可视化关注的重点是从采集的数据出发，以传神、跨越语言障碍的艺术表达力展现数据的特征，从而促进科技生活的沟通交流，体现数据、科技与艺术的结合。例如，*Nature* 和 *Science* 杂志大量采用科技图展现重要的生物结构，澄清模糊概念，突出重要细节，并展现人类视角所不能及的领域。

地理信息可视化，是数据可视化与地理信息系统学科的交叉方向，它的研究主体是信息数据，包括建立于真实物理世界基础上的自然性和社会性事物及其变化规律。地理信息可视化的起源是二维地图制作。在现代，地理信息数据扩充到三维空间、动态变化，甚至包括在地理环境中采集的各种生物性、社会性感知数据（如天气、空气污染、出租车位置信息等）。

产品可视化，指面向制造和大型产品组装过程中的数据模型、技术绘图和相关信息的可视化方法。它是产品生命周期管理中的关键部分。产品可视化通常提供高度的真实感，以便对产品进行设计、评估与检验，因此支持面向销售和市场营销的产品设计或成型。产品可视化的雏形是手工生成的二维技术绘图或工程绘图。随着计算机图形学的发展，它逐步被计算机辅助设计替代。

教育可视化，指通过计算机模拟仿真生成易于理解的图像、视频或动画，用于面向公众教育和传播信息、知识与理念的方法。教育可视化在阐述难以解释或表达的事物（如原子结构、微观或宏观事物、历史事件）时非常有用。美国宇航局等机构专门成立了可视化部门，制作传播自然科学的教育可视化作品。

系统可视化，指在可视化基本算法中融合了叙事型情节、可视化组件和视觉设计等元素，用于解释和阐明复杂系统的运行机制与原理，向公众传播科学知识的方法。它综合了系统理论、控制理论和基于本体论的知识表达等，与计算机仿真和教育可视化的重合度较高。

商业智能可视化，又称为可视商业智能，指在商业智能理论与方法发展过程中与数据可视化融合的概念和方法。商业智能的目标是将商业和企业运维中收集的数据转化为知识，辅助决策者做出明智的业务经营决策。数据包括来自业务系统的订单、库存、交易账目、客户和供应商等，以及其他外部环境中的各种数据。从技术层面上看，商业智能是数据仓库、联机分析处理工具和数据挖掘等技术的综合运用，其目的是使各级决策者获得知

笔记

识或洞察力。自然地，商业智能可视化专门研究商业数据的智能可视化，以增强用户对数据的理解力。

知识可视化，采用可视表达表现与传播知识，其可视化形式包括素描、图表、图像、物件、交互式可视化、信息可视化应用以及叙事型可视化。与信息可视化相比，知识可视化侧重运用各种互为补充的可视化手段和方法，面向群体传播认识、经验、态度、价值、期望、视角、主张和预测，并激发群体协同产生新的知识。知识可视化与信息论、信息科学、机器证明、知识工程等方法各有异同，其特点是使发现知识的过程和结果易于理解，且在发现知识过程中通过人机交互界面发展发现知识的可视化方法。

5. 信息视觉设计

面向广义数据的视觉设计，是信息设计中的一个分支，可抽象为某种概念性形式，如属性、变量的某种信息。这又包含了两个主要领域：统计图形学和信息图。它们都与量化和类别数据的视觉表达有关，但被不同的表述目标驱动。统计图形学应用于任意统计数据相关的领域，它的大部分方法（如散点图、热力图等方法）已经是信息可视化最基本的方法。

信息图受限于二维空间上的视觉设计，偏重艺术的表达。信息图和可视化之间有很多相似之处，它们的共同目标是面向探索与发现的视觉表达。特别地，基于数据生成的信息图和可视化在现实应用中非常接近，且有时能互相替换，但两者的概念是不同的：可视化指用程序生成的图形图像，这个程序可以应用于不同的数据；信息图指为某一数据定制的图形图像，它是具体化的、自解释性的，而且往往是设计者手工定制的，只能应用于特定数据。由此可以看出，可视化的强大普适性能够使用户快速地将某种可视化技术应用于不同数据，但选择适合的数据可视化技术却依赖于用户的经验和运气。

与视觉设计相关的图形学是一个传统的基础性研究方向，它关注图、树等非结构化数据结构，设计表达力强的可视表达与可视编码方法。

将视觉设计、社会媒体与营销结合，则产生一个新的学科方向：视觉传播。它通过信息的可视化展现沟通与传播创意和理念，在网页设计和图形向导的可用性方面作用明显。视觉传播与艺术和设计关联度高，通常以二维图表形式存在，包括字符艺术、符号、电子资源等。

考虑到非空间的抽象数据，数据可视化的可视表达与传统的视觉设计类似，然而，数据可视化的应用对象和处理范围远远超过统计图形学、视觉艺术与信息设计等学科方向。

1.4　数据可视化研究的挑战

人类有史以来，可视化的理念就伴随着形象思维、图画、摄像等方法不断演化。现代意义上的可视化是计算机与计算机显示方法与设备发展到一定阶段后的新兴技术。尽

笔记

管显示方法和技巧各有差异，但是数据可视化的研究实质仍然是两个方面：理解可视化如何传递到观者，即人们感知和理解什么，可视化是如何对应数据和数据模型的；开发能有效地创造可视化的原理与技术，即增强认知与感知，增强可视化与数据模型之间的联系。

分析可视化系统时，设计者至少要考虑三个不同方面的约束：计算能力、感知和认知能力以及显示能力。

（1）计算能力的可扩展性。可视化系统与设计目标的应用场合有关。在大数据时代，具备处理海量的复杂数据的可扩展性始终是可视分析系统关注的中心议题。由于有限的时间和存储资源，通常可视化的效率受限于可用的时间和存储资源，面向大数据的数据清洗、转换、布局和绘制算法的计算复杂度是主要关注对象。

（2）感知和认知能力的局限性。人类的记忆容量和注意力是宝贵的、有限的资源。尽管可视化充分利用人类视觉的感知能力，但是人类大脑对事物的记忆终究是不可分的，而且记忆容量极其有限。这种有限性不分视觉和非视觉，也不分长期和短期的记忆。人类的注意力非常有限，例如，在有意识地查找某项内容时，随着检查项数量增加，任务变得非常具有挑战性。另一方面，警觉性同样是高度有限的资源，前几分钟的警觉性要远超之后时间段的警觉性，因此执行视觉搜索任务的能力只能维持数分钟。

（3）显示能力的局限性。可视化设计者往往“执行于像素之外”，屏幕的分辨率已经不能同时显示所有想要表达的信息。单个像素的信息密度表示为编码后信息的数量与未使用空间数量的比值。一次尽可能多地显示以减少导航，而一次显示太多代价又比较高，用户会产生视觉混乱，这需要权衡。

围绕这三方面的局限性，未来数据可视化的挑战主要在两个方面。

1. 大数据可视化

数据密集型科学成为继实验理论和计算仿真之后，科学研究手段的第三种范式。从海量涌现的数据中获取知识，验证科学假设，是科学前进和社会发展的驱动力。大数据的研究需要从国家战略高度认识大数据并开始行动，其着力点不仅在于进一步推进信息化建设，更在于以数据推动科研和创新。显而易见，大数据将引发新的智慧革命；从海量、复杂、实时的大数据中可以发现知识、提升智能并创造价值。面向大数据，需要发展新的计算理论、数据分析、可视分析和数据组织与管理方法，并围绕实际科学和社会问题的求解设计新的工作流程和研究范式。

2. 以人为中心的探索式可视分析

发展到21世纪的可视化是一个涉及数据挖掘、人机交互、计算机图形学、心理学等的交叉学科。在信息科学领域，分析可定义为一个“从数据中洞悉规律，以便更好地决策的科学过程”。如何将可视化与分析有机地结合，开发高度集成的可视分析系统是未来一个重大的研究课题。

可视化分析学的基本要素包括复杂数据的表示与变换、可扩展的数据智能可视化和支持用户分析决策的交互方法与集成环境学等。它引导的分析推理模式是探索复杂数据中蕴含的新规律和新现象的催化剂。21 世纪以来，国际上逐步形成可视化分析学的研究热潮。可视化分析必将在国民经济、社会生活和国防安全的各个领域引申出重大应用难题，如天气预报、防灾减灾、数字城市、金融安全、社会网络等。如何结合相关学科的方法，研发面向各个应用领域的高效可视分析系统是一个持久的研究话题。

笔记

第 2 章 视觉感知与认知

学习目标

1. 了解视觉感知与认知。
2. 了解色彩空间。
3. 了解视觉编码原则。

知识导图

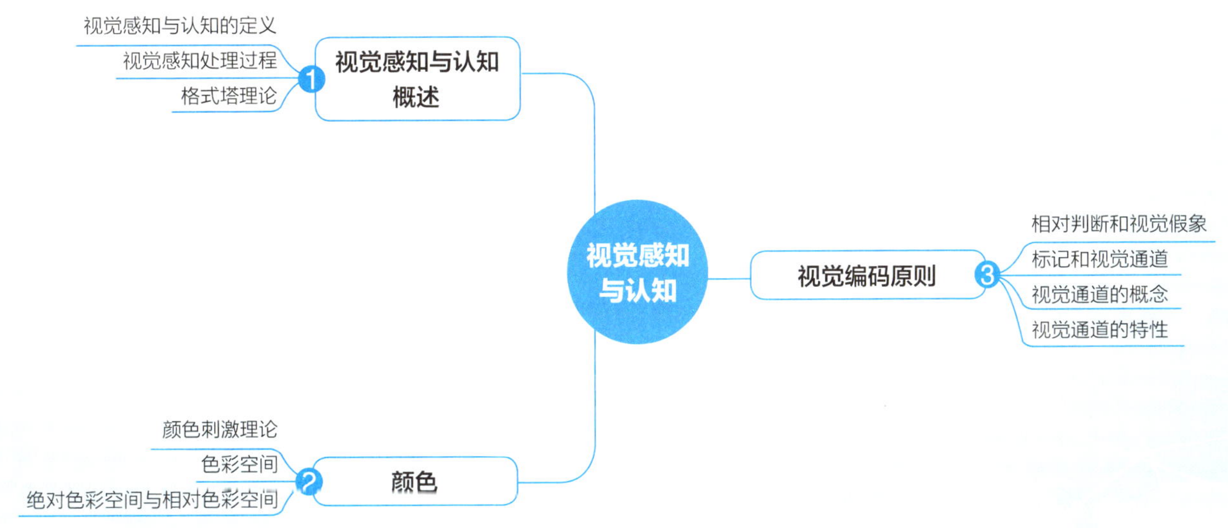

笔记

本章导读

人的眼睛有接收及分析视像的能力，从而组成知觉，以辨认物象的外貌和所处的空间(距离)，以及该物在外形和空间上的改变。脑部将眼睛接收到的物象信息，分析出有关物象的空间、色彩、形状及动态。有了这些数据，我们可辨认外物，对外物做出及时和适当的反应。

当有光线时，人眼能辨别物象本体的明暗。物象有了明暗的对比，眼睛便能产生视觉的空间深度，看到对象的立体程度。同时，眼睛能识别形状，有助于辨认物体的形态。此外，人眼能看到色彩，称为色彩视或色觉。此四种视觉的能力是混为一体使用的，作为人们探察与辨别外界数据，建立视觉感知的源头。

感知能够解释从不同感官周围环境中获得的信息。这种解释信息的能力取决于特定认知过程和经验。视觉感知可以定义为解释眼睛接收的信息的能力。这种信息被大脑解释和接收的结果是视觉感知。视觉感知是从眼睛开始的过程。

照片接收：光线到达瞳孔并激活视网膜中的受体细胞。

透射和基本处理：这些细胞产生的信号通过视神经传递到大脑。它首先通过视交叉(其中，视神经交叉使得从右视野接收的信息到达大脑左半球，从左视野接收的信息到达大脑右半球)，然后眼睛接收的视觉信息被发送到枕叶的视觉皮质。

2.1 视觉感知与认知概述

在可视化与可视分析过程中，用户是所有行为的主体，用户要做的就是通过视觉感知器官获取可视信息、编码并形成认知，从而在交互分析中获取解决问题的方法。在这个过程中，感知和认知能力直接影响信息的获取和处理过程，进而影响对外在世界环境所做出的反应。

如图 2-1 所示，数据从模拟仿真和现实世界产生，我们对获取的数据进行处理、可视化，然后传递给用户，用户通过视觉感知获取可视化信息，获取方法会影响他们做出的决策，进而影响行为，然后影响现实世界。

其中，用户、处理、可视化组成了一个直接交互的过程；当多个用户参与进来，就会形成群组协作；而可视化对用户行为的影响，间接影响现实世界，产生新数据，产生数据更新。

数据可视化技术，是将数据转换为易为用户感知和认知的可视化视图的重要手段。整个过程涉及数据处理、可视化编码、可视化呈现和视图交互等流程，每个步骤的设计需要根据人类感知和认知的基本原理进行优化，所以我们要深刻理解人类的感知认知的特点，才能做出最好的可视化设计。

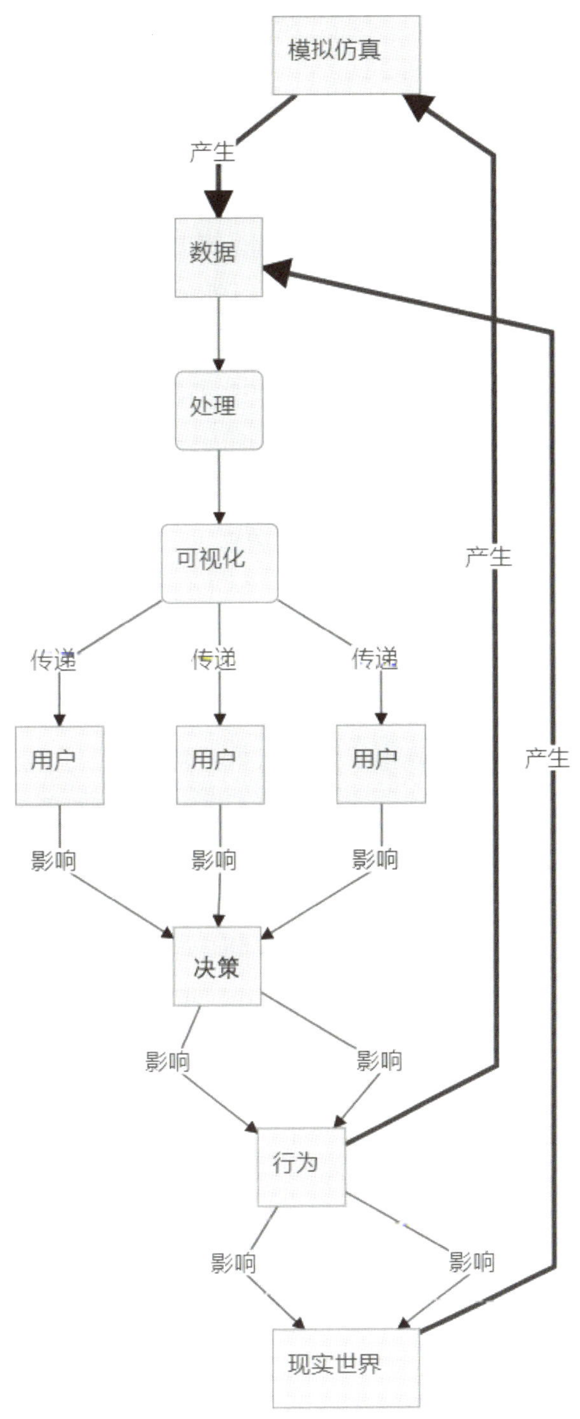

图 2-1　可视化与可视分析过程

笔记

2.1.1 视觉感知与认知的定义

感知指客观事物通过感觉器官在人脑中的直接反映，如人类感觉器官产生的视觉、嗅觉、听觉、触觉等。

认知指在认识活动的过程中，个体对感觉信号接收、检测、转换、简约、合成、编码、存储、提取、重建、形成概念、判断和解决问题的信息加工处理过程。认知心理学将

笔记

认知过程看成由信息的获取、编码、存储、提取和使用等一系列认知阶段组成的按一定程序进行信息加工的系统。

2.1.2 视觉感知处理过程

心理学上的双重编码理论认为，人类的感知系统由分别负责语言方面和其他非语言事务（特别是视觉信息方面）的两个子系统组成。它强调语言和非语言的信息加工过程对于人类认知具有同等的重要性。

此外，存在两种不同的表征单元：适用于心理映像的“图像单元”和适用于语言实体的“语言单元”，如图 2-2 所示。

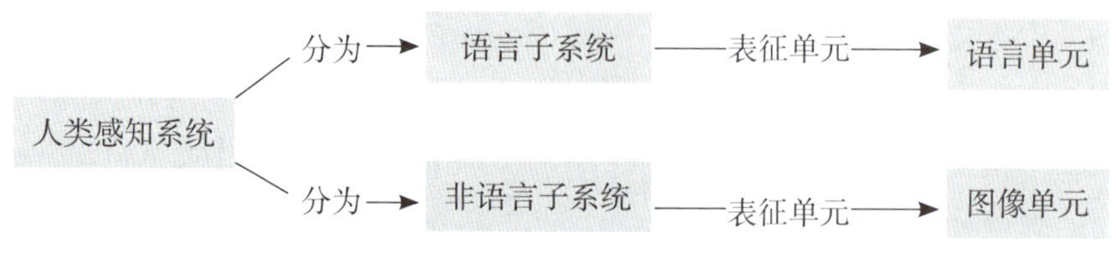

图 2-2　人类感知系统的分类

图像单元根据部分与整体的关系组织，语言单元根据联想与层级组织；比如，一个人可以通过词语“汽车”想象一辆汽车，或者可以通过车的心理映像想象一辆车；在相互关系上，一个人可以想象出一辆车，用语言描述它，也可以在读或听关于车的描述后构造出心理映像。

感知心理学通常将视觉分为低阶视觉和高阶视觉两种类型。低阶视觉与物体的物理性质有关，包括深度、形状、边界、表面材质等。高阶视觉包括物体的识别和分类，属于人类的认知能力的重要组成部分，其中低阶视觉已经在信息可视化和可视分析的研究中得到广泛的验证。

2.1.3 格式塔理论

格式塔（Gestalt）心理学诞生于 1912 年，是心理学为数不多的理性主义理论之一。它强调经验和行为的整体性，反对当时流行的构造主义元素学说和行为主义“刺激 – 反应”公式。

格式塔心理学认为，整体不等于部分之和，意识不等于感觉元素的集合，行为不等于反射弧的循环。看起来有点抽象，实际是，一个人向窗外望，他看到的是树木、天空、建筑，那么格式塔心理学和构造主义元素学说的区别就在于：一个人向窗外观望，他看到的是树木、天空、建筑，还是组成这些物体的各种感觉素质，如亮度、色调等。格式塔心理学主张研究应从整体出发考查以便理解部分，认为完整的事物应该要有完整的特性，而不能拆分为简单的元素，其特性也不是拆分元素所能体现的。

格式塔心理学感知理论最基本的法则是简单精炼法则，认为人们在进行观察的时候，倾向于将视觉感知的内容理解为常规的、简单的、相连的、对称的或有序的结构。同时，人们在获取视觉感知的时候会倾向于将事物理解为一个整体，而不是理解为组成事物所有

笔记

部分的集合。格式塔法则又因此被称为完图法则。

1. 贴近（proximity）原则

感知对象在空间距离上较近时，人们一般会倾向于将靠近的对象归为一组。如图 2-3 所示，左边各个对象没有彼此贴近，所以不会被认为是一组，而右边花纹有贴近，因此被识别为 U，如图 2-3 所示。

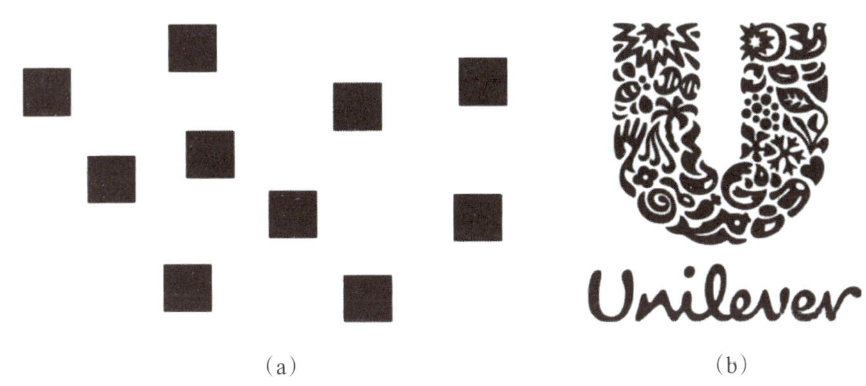

图 2-3　贴近原则举例

2. 相似（similarity）原则

人们观察事物时会自然地根据事物相似性（如颜色、形状、大小等物理性质）进行分组，如下面的散点图和统计图很容易让用户认为不同颜色是不同分类。贴近原则与相似原则的区别是采用空间距离或属性相似性对数据进行分组，如图 2-4 所示。

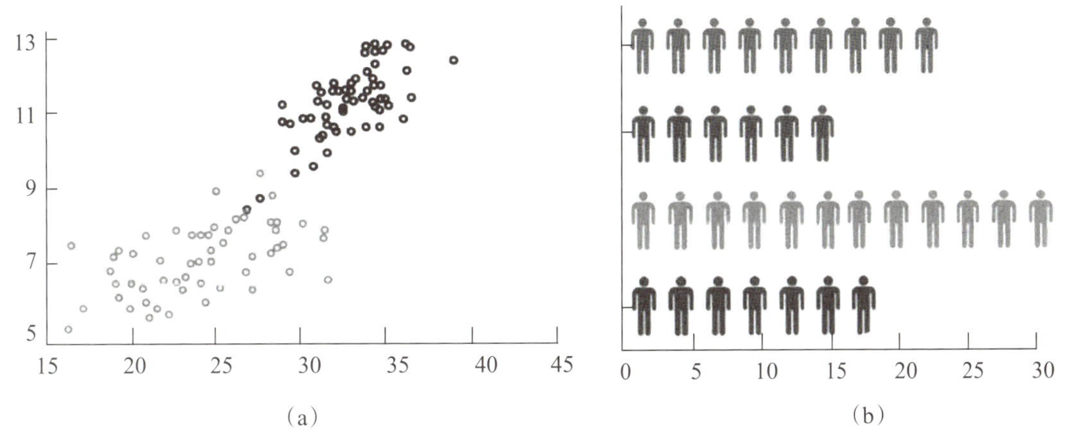

图 2-4　相似原则举例

3. 连续（continuity）原则

人们观察事物时会自然地沿着物体边界将不连续的边界贴近且将连续的物体视为一个连续的整体。如图 2-5（a）的点图会被用户看为一个整体（如箭头一样），而当数据间隔断较大时，人眼的重建视觉感知就容易与实际数据产生偏差，如图 2-5（b）右，只从上半部分推断，用户的感知是会与实际曲线产生偏差的。

笔记

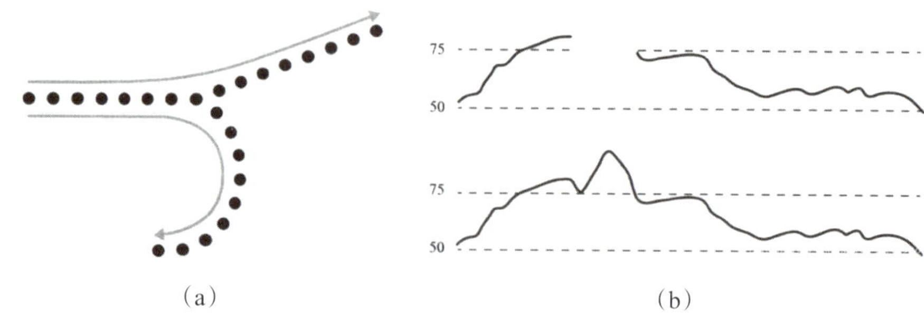

图 2-5　连续原则举例

4. 闭合（closure）原则

在某些视觉映像中，其中的物体会有不完整的或不是闭合的，而格式塔心理学认为，只要物体形状足以表征其本身，人们就会很容易地感知到整个物体，而忽视其未闭合的特征。简而言之，当物体满足一些条件的时候，即使它并不完整，但是用户还是可以感知出它的完整特征。如图 2-6 未闭合的特征并不影响人们识别这两种事物。

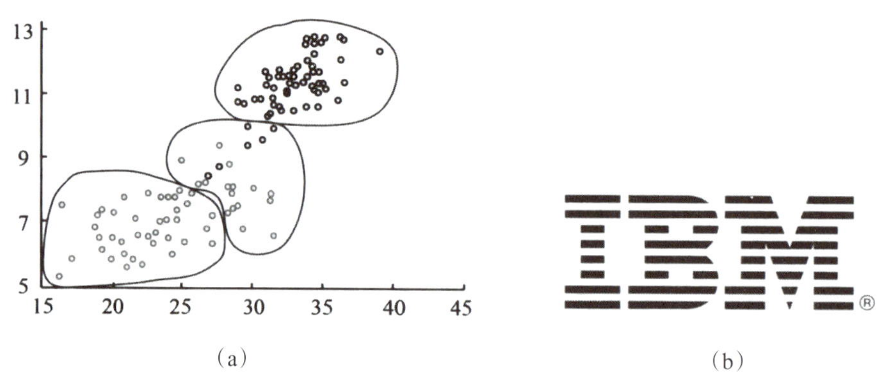

图 2-6　闭合原则举例

5. 共势（common fate）原则

共势原则指如果一组物体沿相似的光滑路径趋势运动或具有相似的排列模式，人们会将它们识别为同一物体。比如，有一堆点同时向下运动，而同时有另一堆点在向上运动，那么用户就会将这两堆点看成两组不同的物体。这与相似法则注重的属性有点像，但是共势原则强调趋势和模式，它不一定是静态的，也可以是动态的。如图 2-7（b）的每个数据点代表的是一个国家在某个年份的状态数据，展示的是 Hans Rosling 的 “各国状态趋势图” 的一个实例，如图 2-7 所示。

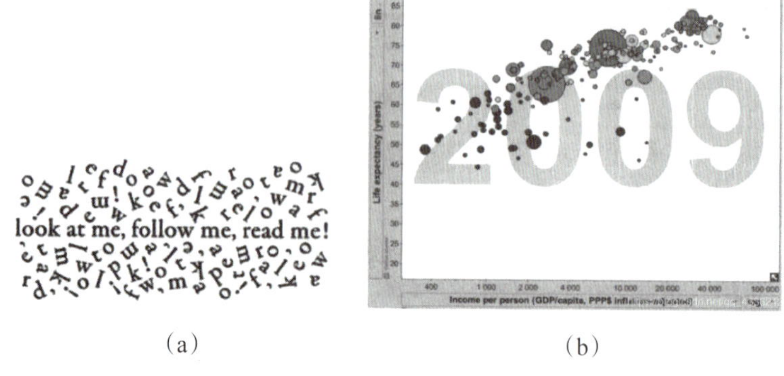

图 2-7　共势原则举例

笔记

6. 好图（goodfigure）原则

好图原则是指人眼通常会自动将一组物体按照简单、规则、有序的元素排列方式识别，其实这与格式塔的简短精炼原则匹配，也就是个体识别世界的时候通常会消除其中的复杂性和不熟悉性，采纳最简化的形式。如图 2-8 所示，图（a）是奥运五环，图（b）是轮廓图，其实就展现出了奥运五环的两种识别模式。关于轮廓图与实体图，我们更倾向将其识别成一系列的圆环，而不是轮廓图。

图 2-8　好图原则举例

7. 对称性（symmetry）原则

对称性原则指人的意识倾向于将物体识别为沿某点或者某轴的对称形状。因此，将数据按照对称性原则分为偶数个对称的部分，对称的部分会被下意识地识别为相连的形状，从而增强认知的愉悦度。如图 2-9 所示，按照男女年龄分布数据对称排列，可以增强数据可读性。

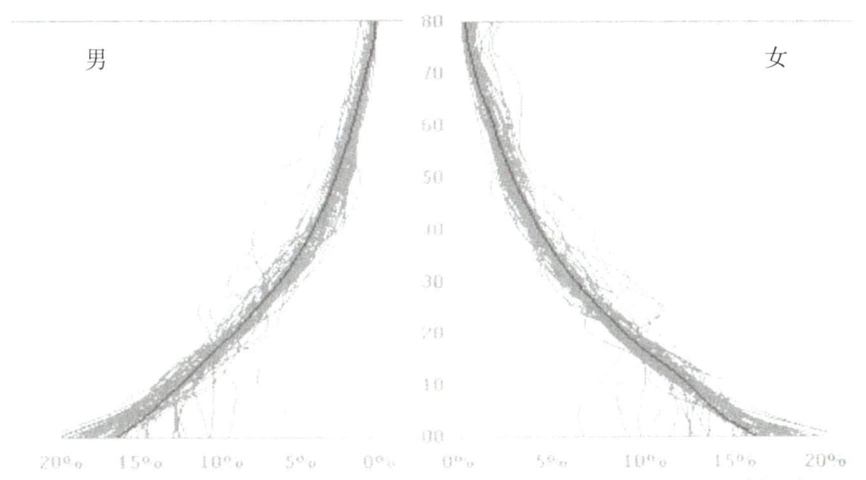

图 2-9　对称性原则举例

8. 经验（past experience）原则

经验原则指在某种情形下视觉感知与过去的经验有关。如果两个物体看上去距离相近，或者时间间隔小，那么它们通常被识别为同一类。如图 2-10 所示，(a)(b) 两图分别将同一个形状放置在两个字母和两个数字之间，造成的识别结果分别为 B 和 13。

笔记

(a)

(b)

图 2-10　经验原则举例

格式塔理论强调：视觉形象首先是作为统一的整体被感知，而后才是以部分感知，也就是说，人们先“看见”一个构图的整体，然后才“看见”组成这一构图整体的各个部分。那么，这种理论有什么用？我们的数据可视化、信息可视化都会包含这种将图像元素表达和重组，如何高效直观地让绝大部分用户接受我们的数据也是我们需要考虑的问题，其中还会涉及用户对图像的感知和认知过程。格式塔心理学就是一套完整的对于心理感知认知的心理学研究，尽管它有一些缺陷，但是对于我们的可视化设计研究是有借鉴意义的。

2.2 颜色

在信息可视化与视觉设计中，颜色是最重要的元素之一。颜色可以包含相当丰富的信息，非常适合用于对信息编码，即数据信息到颜色的映射。所以，颜色、形状和布局构成了最基本的数据编码手段。另外，可视化设计的结果最终生成一幅能够显示在显示器（输出设备）上的彩色图像，因而可视化结果的表达能力与视觉美感依赖于设计者对颜色的准确使用。

为什么我们会看到不同颜色的物体，这与光学有关，光学理论上的颜色与物理、生理学有关，是由可见光经过环境相互作用后到达人眼并经过一系列的物理化学变化转化为人脑所能处理的电磁脉冲的结果，从而最终形成的感知。所以，颜色感知是一个复杂的物理和心理相互作用的过程。简而言之，人类对颜色的感知既有光的物理性质影响，也有心理因素。

2.2.1 颜色刺激理论

1. 人眼与可见光

可见光，即能被人眼捕获并在人脑中形成颜色感知的电磁波，在整个电磁波波谱上只占很小一部分。复色光经色散分光后可依照波长的大小顺序排列成彩色图案，同时不同颜色（波长）的光也可以合成得到其他颜色的光，如图 2-11 所示。

笔记

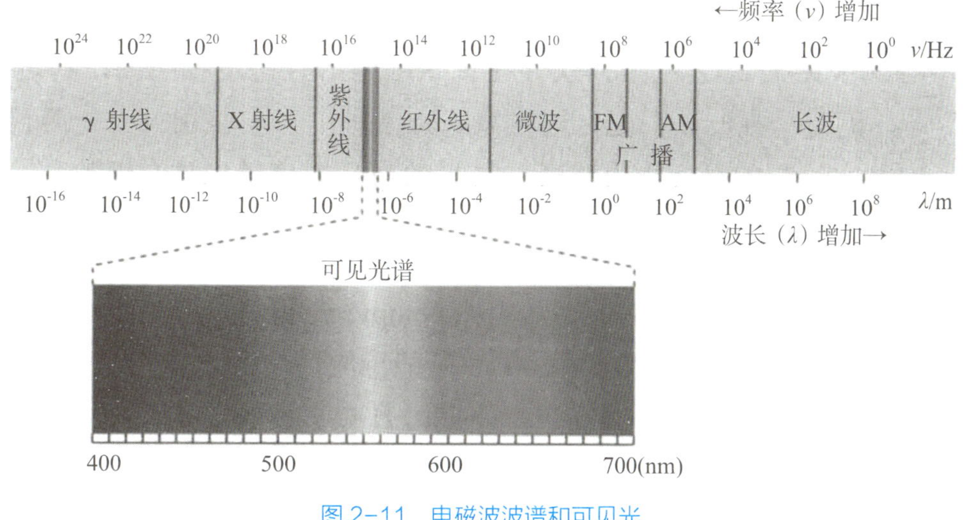

图 2-11　电磁波波谱和可见光

人眼是人类获取环境中大部分信息的通道（相当于信息输入设备）。图 2-12（a）是人眼的水平截面图，成年人的眼睛是一个直径约 23mm 的近似球状体，光线会一次通过角膜、虹膜、瞳孔、晶状体，最终到达视网膜。

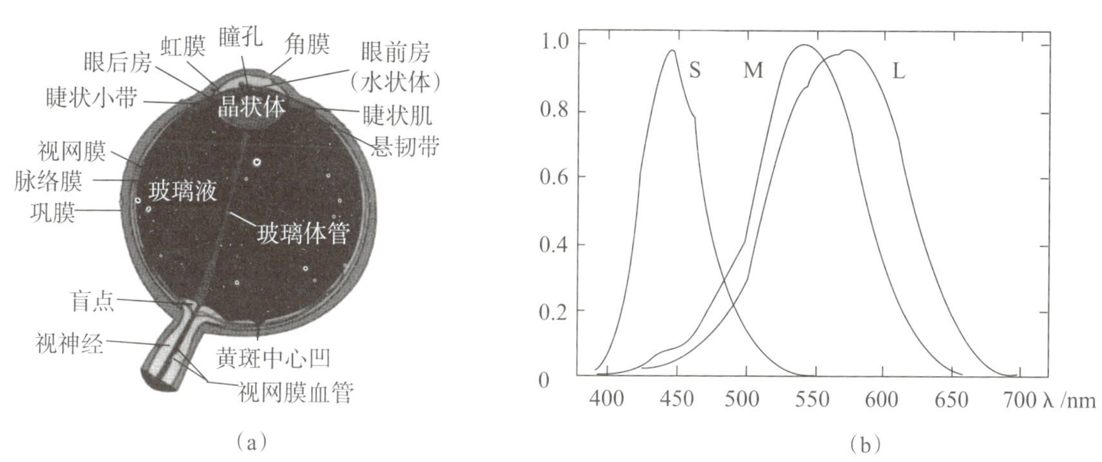

图 2-12　人眼的水平截面（从头顶往下看）(a) 和三种锥状细胞对光的敏感曲线（已归一化）(b)

人眼光学系统其实类似于日常的照相机系统，角膜作为最外层，能将光线聚焦于晶状体，同时保护人眼构造（即镜片）；瞳孔会控制开口大小，从而控制光线的接收量（即光圈）；晶状体则是凸透镜，调节焦距；最后，视网膜起成像的作用，利用光感受细胞捕获光线，将刺激传输到大脑形成外观感知（如形状，颜色等）。

2. 颜色与视觉

从物理学来说，光线其实是不存在颜色的，所谓的颜色只是人的视觉系统对接受光信号的一种主观视觉感知。物体所呈现的颜色由物体的材料属性、光源中各种波长分布和人的心理认知所决定，因此存在个体差异。

颜色既是一种心理生理现象，也是一种心理物理现象。

3. 颜色视觉障碍

颜色视觉障碍，就是人眼在正常光照下无法辨认不同颜色或者对于颜色辨别存在不

笔记

同程度的障碍，它分为非正常三色视觉（色弱）、二色视觉（色盲）和单色视觉（较少见）。颜色视觉障碍人数约占人口的 8%，其中色盲人数比例超过 2%，男性较女性要多。

设计可视化颜色方案时，需要充分考虑可视化结果的用户群体特征，尽可能使用有效的颜色配置方案，使得可视化结果对所有用户都能呈现所包含的信息。

2.2.2 色彩空间

色彩空间（也称色彩模型或色彩系统）就是描述使用一组值（3~4 个）表示颜色的方法的抽象数学模型。

目前，常用的色彩空间主要包括 CIEXYZ/CIEL*a*b*、RGB/CMYK 和 HSV/HSL 等。

（1）CIEXYZ/CIEL*a*b。CIE1931XYZ 色彩空间是采用抽象数学模型定义的通过实验获得的色彩空间。实验使用 2 度视角的圆形屏幕，屏幕的一半投影上测试颜色，另一半投影上观察者可调整颜色。可调整颜色是三种原色的混合，每种原色都有固定的色度，但有可调整的明度。

（2）RGB/CMYK。RGB 色彩模型采用笛卡儿坐标系定义颜色，三个轴分别对应红色（R）、绿色（G）和蓝色（B）三个分量。在该空间中，坐标原点代表黑色，任一点代表的颜色都用从坐标原点到该点的向量表示。RGB 色彩空间是迄今为止使用最广泛的色彩空间，几乎所有的电子显示设备，包括计算机显示器、移动设备显示组件等，都使用 RGB 色彩空间。

CMYK 通常用于印刷行业中，在硬复制、照相、彩色喷墨打印等系统中具有广泛的应用。CMYK 四个字母分别表示青色（cyan）、品红色（magenta）、黄色（yellow）和黑色（black）。

（3）HSV/HSL。在 1979 年的 ACM SIGGRAPH（美国计算机协会计算机图形专业组）年度会议上，计算机图形学标准委员会推荐将 HSL 色彩空间用于颜色设计。这两个色彩空间在计算机图形学领域中非常有用，不仅仅是因为它们比 RGB 色彩空间更加直观且符合人类对颜色的语言描述，同时也因为它们与 RGB 色彩空间的转型非常快速。

2.2.3 绝对色彩空间与相对色彩空间

绝对色彩指的是不依赖外部因素就可以准确表示颜色的色彩空间，相对色彩空间无法通过一组值准确地表达颜色，也就是相同的值不一定是同一种颜色。

比如，CIELab* 定义的就是绝对色彩空间，一组 <L*,a*,b*> 值就可以精确地表达一种颜色，在这个色彩空间里，这组值表达的颜色是确定的。而如 RGB 色彩空间，一组值表达出了一种颜色，但是换一种 RGB 设备就有可能显示出不一样的颜色，但是可以把 RGB 色彩空间转换为绝对的，也就是定义一个 ICC 色彩配置文件，规定 R、G、B 的精确属性。

2.3 视觉编码原则

可视化将数据以一定的变换和视觉编码原则映射为可视化视图。用户对可视化的感知和理解通过人的视觉通道完成。那么，在这个可视化设计里，对数据进行视觉化元素映射时，就需要遵守符合人类视觉感知的基本编码原则，这些原则和数据类型紧密相关。若违背原则，大多数情况下都容易对用户造成理解障碍。

笔记

2.3.1 相对判断和视觉假象

人类感知系统的工作原理决定了对所观察事物的相对判断，也就是一般人们观察都会选取参照物，那么人们的这种习惯性操作，对于可视化设计也要符合这一原则，从而达到最佳的可视化。下面以一个简单的例子进行说明：图 2-13（a）是 A、B 两个矩形，在不对齐的情况下，难以判断它们谁更长，而图 2-13（b）用一个相同长度的方框分别将它们框起来，以方框为参照物，就可以明显地发现 B 更长，同样，图 2-13（c）将它们的底边对齐，以 B 为 A 的参照或者以 A 为 B 的参照，都可以明显地发现 B 更长。

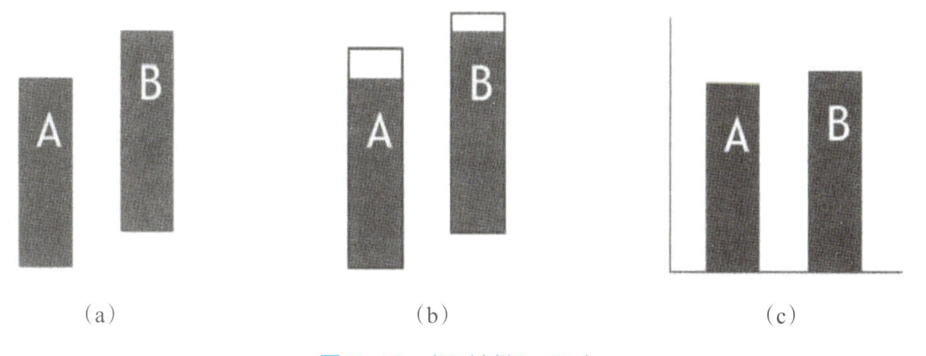

图 2-13　相对判断：尺寸

（a）不对齐；（b）用方框框起来；（c）底边对齐

有实验表明，感知系统对于亮度和颜色的判断完全是基于周围环境的，也就是通过与周围环境的亮度颜色对比获得焦点的亮度颜色。如图 2-14 中的 A、B 两个方块，看图 2-14（a）的时候是不是觉得 B 方块亮度更高？用与 A 相同颜色的两根灰色条带将它们夹住，是不是发现 A、B 两个方块的颜色一样？这就是所谓的环境影响判断。在做可视化的时候也要考虑这方面，如图 2-14 所示。

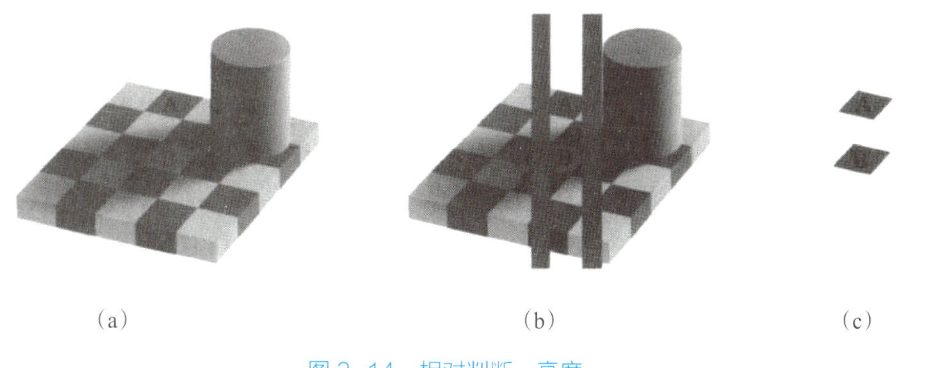

图 2-14　相对判断：亮度

（a）亮度 1；（b）亮度 2；（c）亮度 3

这只是亮度，还有颜色。其实，在不同颜色背景（光源）下所看到的颜色是不一样的。

笔记

在信息可视化设计中，设计者要充分考虑到人类感知系统的这种现象，防止可视化设计会对用户产生误解。

2.3.2 标记和视觉通道

可视化编码是信息可视化的核心内容，是将数据信息映射成可视化元素的技术，其通常具有表达直观、易于理解和记忆的特性。数据包含了属性和值，所以类似的可视化编码也由两部分组成：(图形元素）标记和用于控制标记的视觉特征的视觉通道。标记是指数据属性到可视化元素的映射，用于直观地代表数据的性质分类；控制是指数据到标记的视觉表现属性的映射，用于展现数据属性的定量信息；两者结合可以达到完整的可视化表达。标记通常是一些几何图形元素，如点、线、面。如图 2-15 所示，从左到右依次代表点、线、面。

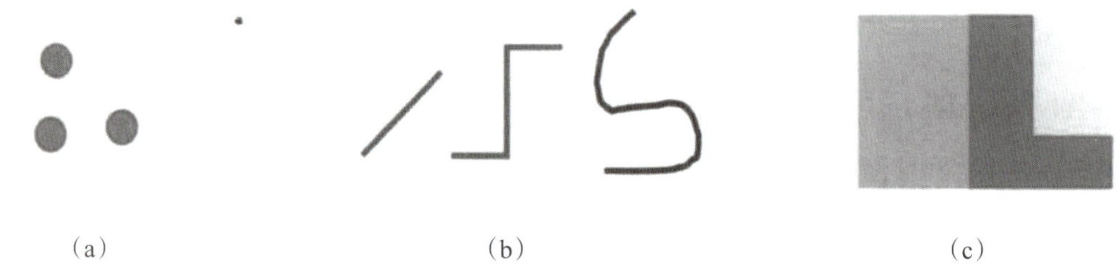

图 2-15　可视化表达标记示例

(a) 点；(b) 线；(c) 面

视觉通道用于控制标记的视觉特征。一般可用的视觉通道包括标记的位置、大小、形状、方向、色调、饱和度、亮度等。如图 2-16 所示，从左至右分别是：位置、大小、形状和颜色，如图 2-16 所示。

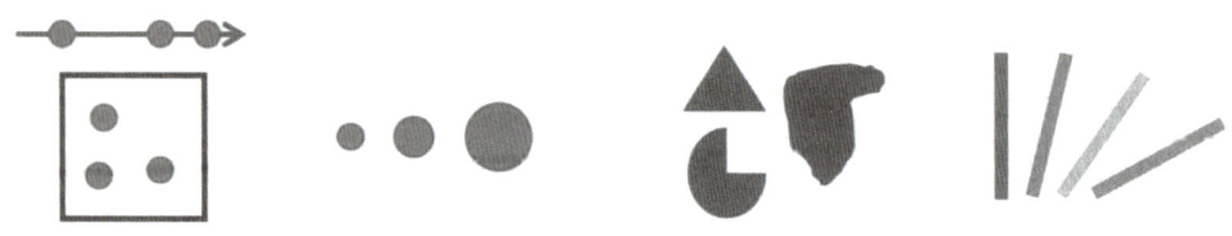

图 2-16　可视化表达的视觉通道

视觉通道在控制标记的视觉特征的同时会蕴含对数据的信息编码。在不同的可视化设计中所利用的视觉通道是不同的，但是可视化的视觉通道是有限的，如何利用有限的视觉通道有效展示且不会误导用户是可视化设计时需要考虑的问题。

2.3.3 视觉通道的概念

视觉感知系统是迄今为止人类所知的具有最高处理带宽的生物系统。人眼具有极强的模式识别能力，对可视化信息的获取能力远高于对文本数字的识别能力。所以将数据信息以可视化视图进行呈现，也是简化信息获取方法和提高数据信息读取速度的一种重要方

笔记

法。而将数据信息以可视化视图呈现，关键就是要对数据信息进行编码，也就是将它们以标记呈现后再通过视觉通道控制标记呈现。

（1）视觉通道的类型。数据通常分为有序和无序两类。在表现上，视觉通道也有两种（无序、有序）不同的功能。比如，颜色色调通常用于表现分类无序的数据，同一颜色的不同亮度可以表现顺序性。因此，用不同的视觉通道展现数据包含的信息是数据可视化重要的基础。

（2）视觉通道的表现力。不同的视觉通道对于数据的信息表达能力是不一样的。视觉通道的表现力指的是视觉通道编码信息时需要表达且仅表达数据的完整属性。一般编码信息时的精确性、可辨性、可分离性和视觉突出等方面可以衡量不同数据通道的表现力。

（3）视觉通道的有效性。不同的视觉通道有不同的表现力，而好的可视化设计需要根据数据属性的重要性进行合适的视觉通道选择和编码。这个有效性其实指的就是视觉通道对于可视化数据属性的表现能力和合适性，是否能让用户更容易地从中获取数据中相对重要的信息。

（4）根据表现力和有效性对视觉通道的排序。由于视觉通道在编码数据信息时所表现的不同特性，对视觉通道按照它们的表现力和有效性进行排序后，将有助于用户在设计信息可视化时方便、快速地选择合适的视觉通道或它们的组合，完整地展现数据包含的信息。

1. 视觉通道的类型

人类感知系统在获取周围信息的时候存在两种最基本的感知模式：一种感知模式得到的信息是关于对象的本身特征和位置等，对应的视觉通道类型为定性或分类，即对象是什么，在哪里；第二种感知模式得到的信息是关于对象某一属性在数值上的程度，对应的视觉通道类型为定量或定序。例如，形状是一种典型的定性视觉通道，即人们通常会将形状分辨为圆、三角形等。用户也会用不同长度的直线描述同一数据属性的不同值。第三种类型是分组。分组是针对多个或多种标记的组合描述的，如图 2-17 所示。

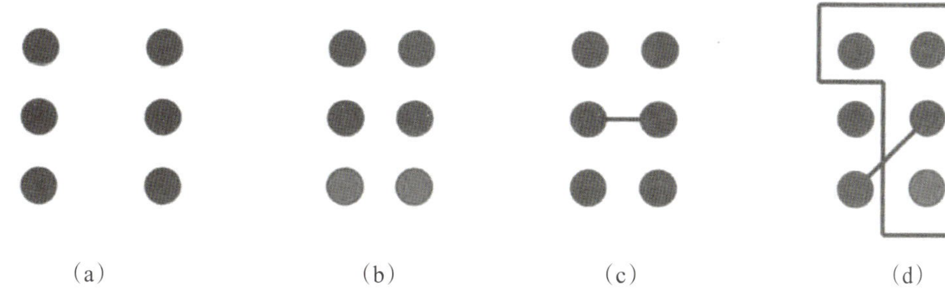

图 2-17　分组的视觉通道

(a) 空间位置的接近；(b) 颜色的相似；(c) 显示连接；(d) 显示包围

从方法学而言，定性的视觉通道适合编码分类的数据信息；定量或定序的视觉通道适合有序或有数值的数据信息；分组适合存在相互联系的分类的数据属性，表现数据内在关联性。

2. 表现力和有效性

视觉通道的类型基本决定了不同数据采用的视觉通道，但同时视觉通道的表现力和有效性则会指导可视化设计者如何挑选合适的视觉通道来展现数据。

笔记

如何判断视觉通道的表现力和有效性?

首先看一幅图片，该图描述了各种类型的视觉通道的表现力排序，从上到下表现力从高到低。但是，这幅图代表的仅是通常情况，根据实际使用情况看，部分表现力顺序是会发生变化的，如图 2-18 所示。

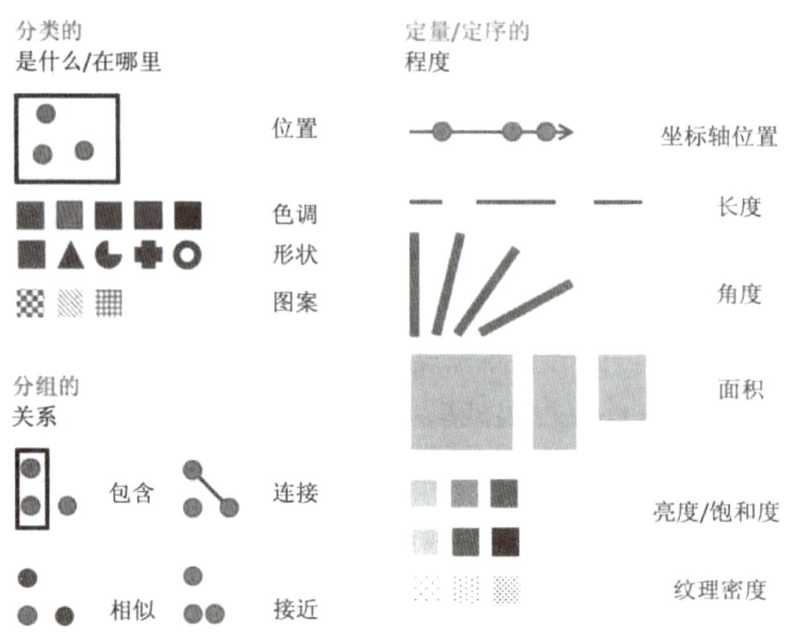

图 2-18 视觉通道的表现力排序

3. 表现力判断标准

（1）精确性。就像影响因子一样，精确性标准主要描述感知系统对可视化的判断结果与原始数据的吻合程度。根据心理物理学研究表明，人类感知系统对于不同的视觉通道的感知精确性是不同的，总体可以归纳为一个幂次法则，其中的指数与人类感知器官和感知模式有关。

表 2-1 列举了史蒂文斯幂次法则描述的一些视觉通道的幂次，用数学公式可以描述为 $S=I^n$。其中 S 为大脑感知结果，I 为感觉器官所感受到的刺激值，n 的范围从亮度的 0.5 到电流值的 3.5 不等。当 n 小于 1 时，刺激信号被感知压缩。

表 2-1 不同视觉通道在史蒂文斯幂次法则 $S=I^n$ 中所对应的 n 值

视觉通道	亮度	响度	面积	长度	灰对比度	电流
幂次	0.5	0.67	07	10	1.2	3.5

（2）可辨性。视觉通道可以有不同的取值范围，如何调整取值范围让人们能区分该视觉通道的多种取值状态，也就是视觉通道的可辨性问题。简言之，如何给定取值范围选择合适的不同值，从而让人们能轻易地感知区分出取值数的不同。

如图 2-19 所示，直线宽度仅能编码三四种不同的数据属性值。当数据属性值空间较大时，应将数据属性值分为相对较少的类，如图 2-19 的做法，或者用具有更大取值范围

笔记

的视觉通道。

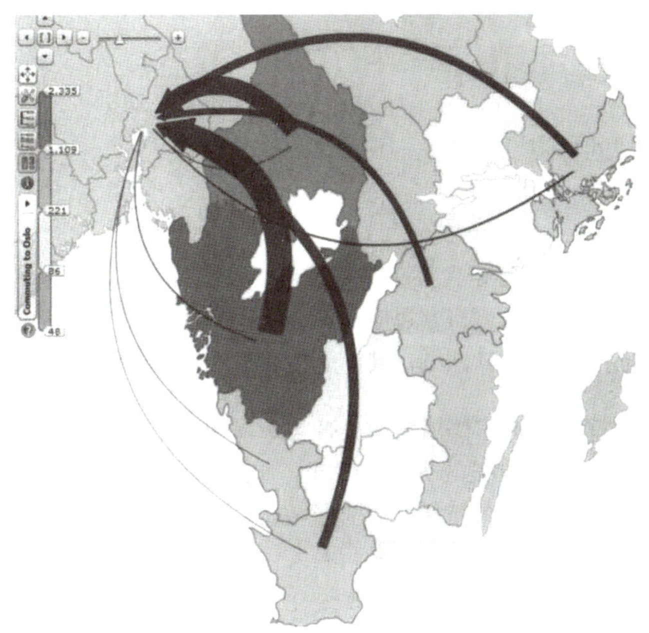

图 2-19 使用直线宽度编码流量

（3）可分离性。在同一个可视化结果中，多个视觉通道的存在可能影响用户对其的正确感知，影响信息获取。比如，使用横坐标、纵坐标编码数据两个属性的时候，好的可视化设计是不会用点的接近性对第三种数据属性进行编码的，因为这样的操作会对横纵坐标这两种数据属性的编码产生影响。

图 2-20 列举了 4 对不同的视觉通道。很容易发现这 4 对视觉通道是相互独立不影响的，但是较为特殊的是，位置 / 色调很容易忽略，尺寸 / 色调这一对其实是不完全独立的，因为点的尺寸会影响人类视觉系统对色调的判断，尺寸越小，影响程度越大。然后又会发现，水平 / 竖直尺寸有一点问题，本来应该是只有水平 / 竖直尺寸两个视觉通道的，但是画出来的图像其实会呈现出新的视觉通道，那就是形状，设计者应该是想分成 2 组，但是用户其实很容易根据形状分为 3 组，这也就不是独立的了。最后，红 / 绿这个图按道理说可以分为两组——红和绿，但是由于颜色程度不一样，所以很容易被用户分成 4 组。这些视觉通道的应用需要考虑很多方面，如何准确使用视觉通道表现数据是需要学习的。

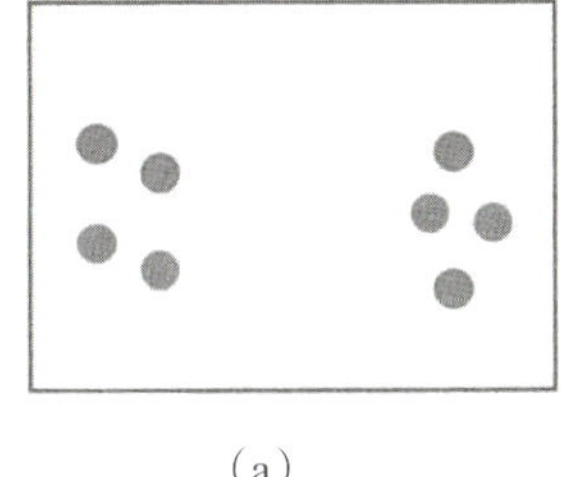
（a）

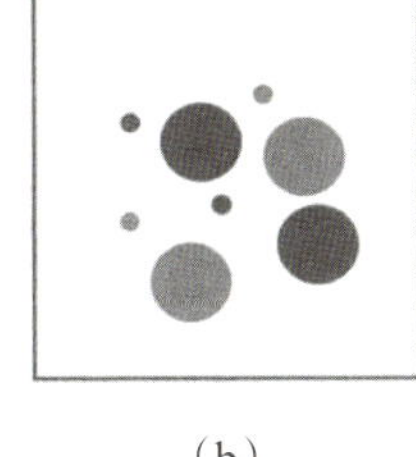
（b）

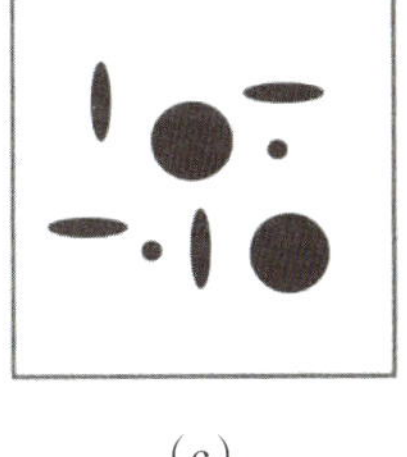
（c）

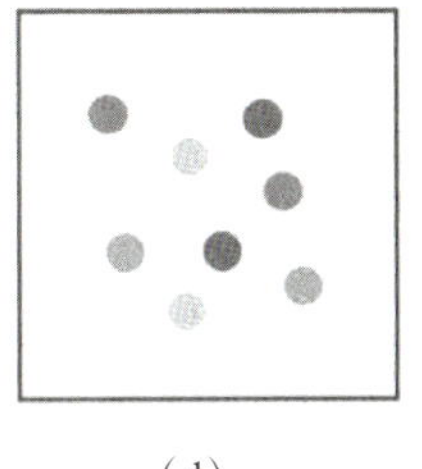
（d）

图 2-20 视觉通道可分离性举例

（a）位置 / 色调；（b）尺寸 / 色调；（c）水平 / 竖直尺寸；（d）红 / 绿

（4）视觉突出。视觉突出也就是在很短时间内（200~250ms），人们可以仅依赖感知的前向注意力直接发觉某一对象的不同。视觉突出效果使得人们对特殊发现所需要的时间不

笔记

会随着背景对象的数量变化而变化，如图 2-21 所示。

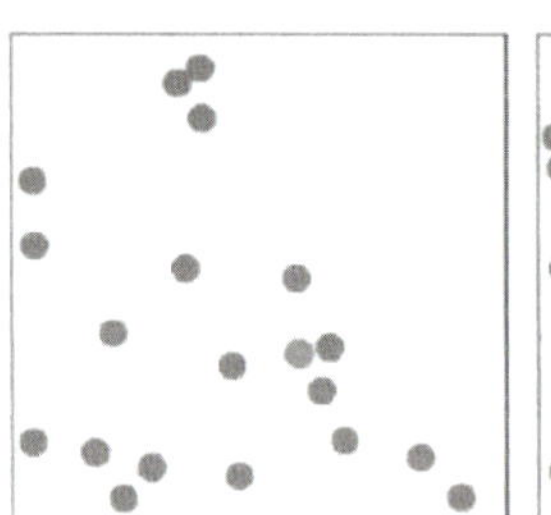 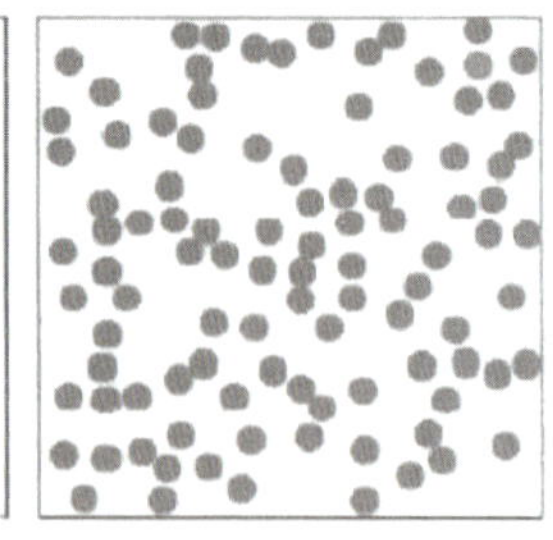 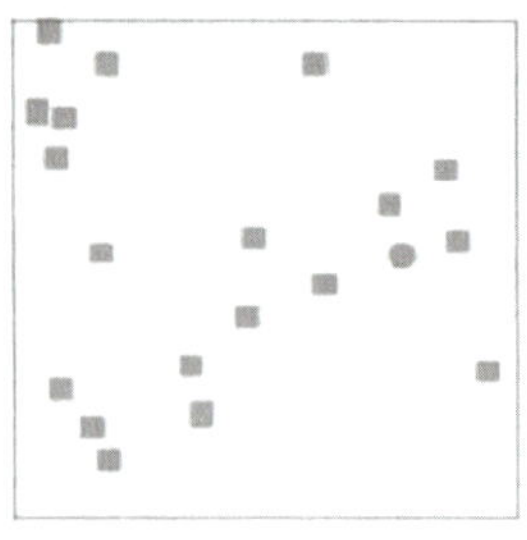 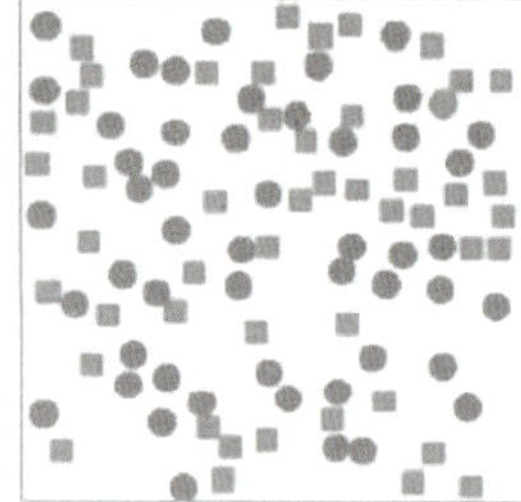

图 2-21 视觉突出示例

当然也会存在一些失败的例子，如图 2-22 所示。

图 2-22 无法完成视觉突出的视觉通道

2.3.4 视觉通道的特性

可视化设计中，同样的数据可以用多种不同的视觉通道进行编码，如何呈现出最佳的可视化结果给用户，合理使用视觉通道对设计优秀的信息可视化是比较关键的。

1. 平面位置

平面位置是唯一的既可用于编码分类的数据属性，又可用于编码定序或定量的数据属性的视觉通道。另外，对象在平面上的接近性也可用于编码分组的数据属性。平面位置是所有视觉通道中最特殊的一个。一般可视化设计都会在二维空间，所以平面位置对于任何数据都是非常有效的，甚至是最有效的。因此，使用平面位置编码哪种数据属性是首先应该考虑并解决的问题。

水平位置和垂直位置属于平面位置的两个可以分离的视觉通道，当编码的数据属性是一维时，仅选择其一。一般来说，两个视觉通道的差异较小，但是有研究指出，由于真实世界重力的影响，垂直位置会比水平位置有略高的优先级，即相同条件下，人们更容易分辨出高度的差异。

因此，显示器的显示比例通常会设计成包含更多的水平像素，从而使水平方向的信息含量可以和垂直方向相当。

位置关系可以揭示一些数据间的关系。比如，数据是否集中在某一范围，分布是否符合一定的统计规律等，如图 2-23 所示。

笔记

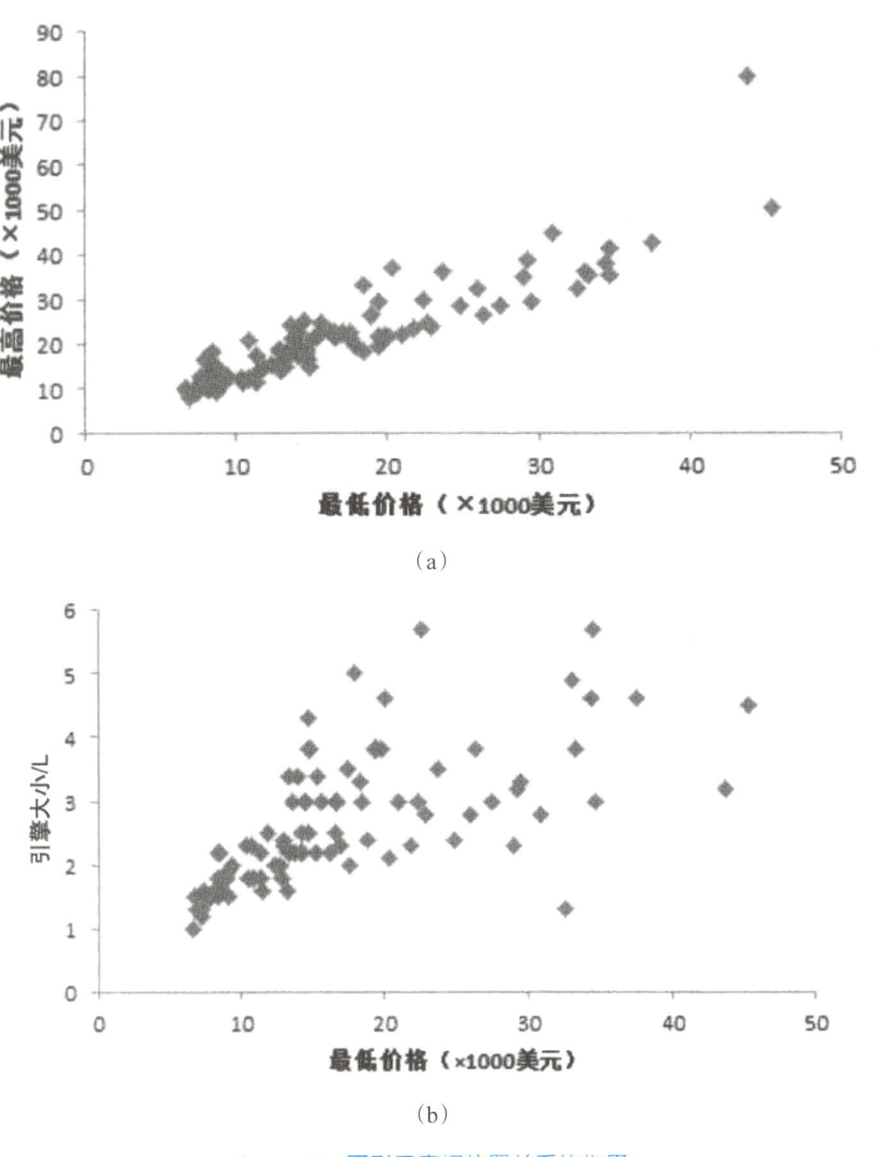

(a)

(b)

图 2-23　图形元素间位置关系的作用

图 2-23 显示了同一组 1993 年汽车数据中的部分属性。其中，图 2-23（b）显示了不同汽车的最低价格和最高价格的散点图，从点的分布情况看，这两个价格之间呈线性关系；图 2-23（b）显示了最低价格和引擎大小之间的关系。

2. 颜色

所有视觉通道中，颜色是最复杂的，但也是可以编码大量数据信息的视觉通道，所以在可视化设计里很常用。一般来说，颜色可分为亮度、饱和度、色调这三个视觉通道，前两个可认为是定量或定序，最后一个属于定性的视觉通道。所以说“颜色”既是分类的，也是定量的。

（1）亮度适合编码有序数据。但需要注意的是，亮度通道可辨性小，尽量使用少于 6 个不同层次的可辨亮度层次。另外，相比另外两个，亮度的对比度形成的边界现象非常明显。所以，受对比度效果的影响，人类对亮度的感知缺乏精确性。

笔记

（2）饱和度同样适用于有序数据。饱和度与尺寸相互影响，小尺寸上区分饱和度会更加困难。同样，它的精确性也会受对比度效果的影响。

（3）色调适用于编码分类的数据属性，并提供了分组编码的功能。色调和饱和度都有与其他视觉通道相互影响的问题，比如之前讨论可分离性的时候的色调与尺寸之间有影响；同样，在连续区域的色调也会出现难以准确区分的情况（其实就是色调分界不明显，除非是红蓝这种区分较大的色调），而且人们通常可在不连续区域下分辨 6~12 种色调，小尺寸区域还会有所下降，所以多种色调的可视化也是行不通的。

（4）配色方案中，信息可视化设计配色方案关系到可视化结果的信息表达和美观性。好的配色方案涉及颜色心理学、颜色生理学、颜色物理学等知识，会改善用户心情，提高兴趣。

配色方案需要考虑：可视化所面向的用户群体，可视化结果是否需要打印后复印，可视化本身的数据组成及属性。

3. 尺寸

定量或定序的视觉通道适合编码有序数据属性，同样会对部分视觉通道有影响，同样尺寸维度过多时，精确度也会下降。

长度是一维的尺寸，包括垂直尺寸（高度）和水平尺寸（宽度）。面积是二维的尺寸，体积则是三维的尺寸。由于高维的尺寸蕴涵了低维的尺寸，因此在可视化设计中应尽量避免同时使用两种不同维度的尺寸编码不同的数据属性。

人们对一维尺寸的判断是线性的，对多维尺寸的判断随着维度的增加而变得越来越不精确，因此可视化设计中使用一维的尺寸（高度或宽度）编码重要数据属性的值，如柱状图。

4. 斜度和角度

斜度是指在二维坐标轴平面中，方向和 0° 坐标轴的夹角 [见图 2-24（a）]；而角度是指任意两条线段之间的夹角测量 [见图 2-24（b）]。斜度可用于分类或有序的数据属性的编码，斜度即方向或角度。

斜度具有象限及角度值，在其定义域内是非单调的，不存在严格的增或减的顺序，但在每一个象限，其具有单调性，适合有序数据的编码。在相邻两个象限的中间 [见图 2-24（c）]，斜度所指示的方向呈现中性的特征，可用于编码数据的发散性。

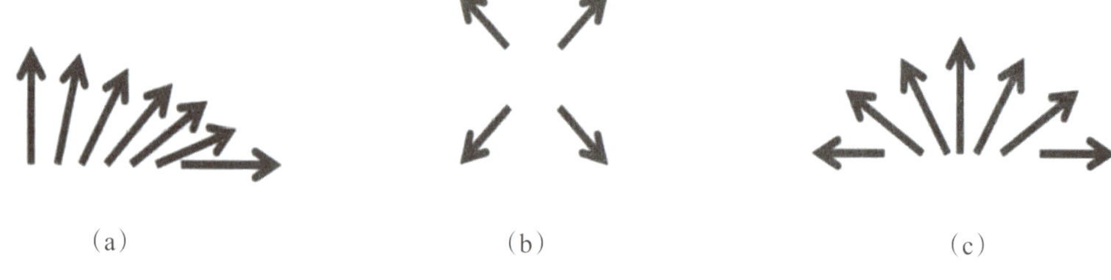

图 2-24　斜度示意图

（a）斜度；（b）角度；（c）相邻象限

5. 形状

视觉心理专家认为形状是人们通过前向注意力就能识别的一些低阶视觉特征。形状与其他视觉通道相互影响。

一般情况下，形状属于定性的视觉通道，因此仅适合编码分类的数据属性。尽量使用辨别度大的形状，避免误导用户。

如图 2-25 所示，用多种图案表示世界各大城市，这就避免了误导，尽量使用不相似的图案。

图 2 25　世界各大城市图案表示

6. 纹理

纹理可被认为是多种视觉变量的组合，包括形状（组成纹理的基本元素）、颜色（纹理中每个像素的颜色）和方向（纹理中形状和颜色的旋转变化）。

点画图案在可视化中比较常见，通常用于区分类别型数据属性的编码方式，在二维空间中的视觉通道上，点画图案与亮度视觉通道存在较严重的影响。图 2-26 所示为几种不同纹理的例子。

  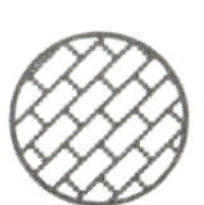 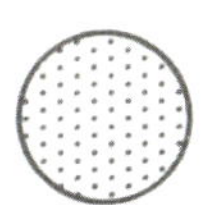  

图 2-26　几种不同纹理的例子

笔记

7. 动画

计算机动画是指由计算机生成的连续播放的静态图像所形成的动态效果的图画作品。动画的原理利用了生理上的视觉残留现象和人们趋于将连续类似的图像在大脑中组织起来的心理作用。

以动画形式作为视觉通道包括了运动方向、运动速度、闪烁频率等。运动的方向可以用于编码定性的数据属性，后两者可以编码定量的数据属性。动画可以突出可视化视觉效果，与其他视觉通道具有天然的分离性，但是，在动画可视化中要观察非动画的视觉通道，就会有很大的困难。

第3章 数据

学习目标

1. 了解数据获取和预处理。
2. 了解数据组织与管理。
3. 掌握数据清洗与精简。
4. 了解数据分析与挖掘。
5. 了解数据流。

知识导图

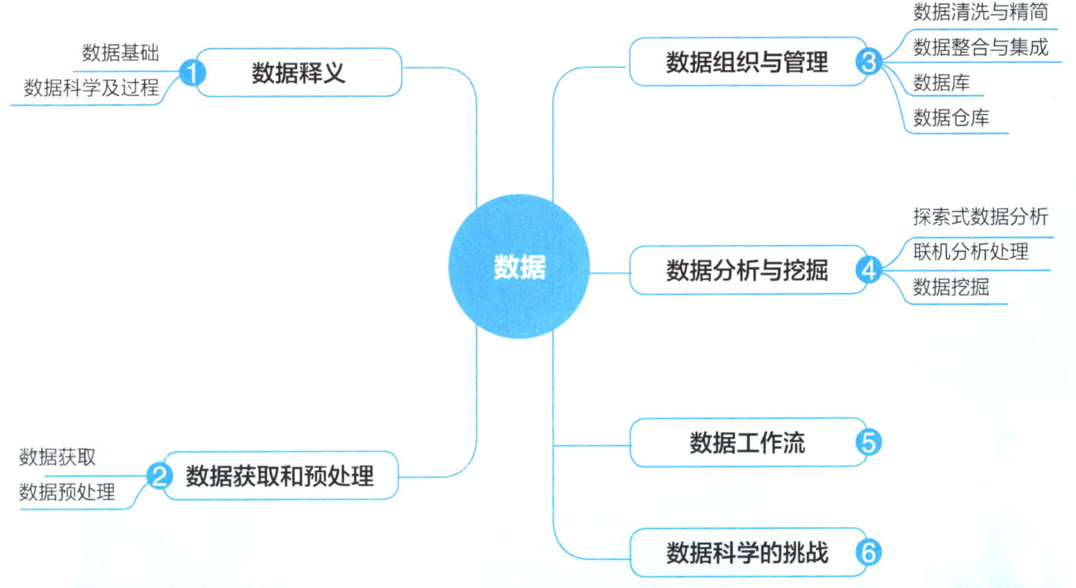

笔记

本章导读

数据是符号的集合，是表达客观事物的未经加工的原始素材，如图形、符号、数字、字母等都是数据的不同格式。数据模型是用来描述数据表达的底层描述模型，它包含数据的定义和类型，以及不同类型数据的操作功能，例如，浮点数类型可以配备加、减、乘、除操作等。与数据模型对应的是概念模型，它对目标事物的状态和行为进行抽象的语义描述，并提供构建、推理、支持等操作。例如，一维浮点数可以描述温度概念，三维浮点数向量可以描述空间的风向概念。

数据管理指对数据进行有效的收集、存储、处理和应用的过程。随着计算机技术的发展，数据管理经历了人工管理、文件系统、数据库系统三个阶段。在面向复杂数据的数据可视化过程中，还涉及面向应用的数据管理，它的管理对象是数据生命周期所涉及的应用过程中描述构成应用系统构件属性的元数据，包括流程、文件、数据元、代码、规则、脚本、档案、模型、指标、物理表、ETL、运行状态等。

3.1 数据释义

数据也可看成数据对象和其属性的集合，其中属性可被看成变量、值域、特征或特性。例如，人类头发的颜色、人的体温等。单个数据对象可以由一组属性描述，也称为记录、点、实例、采样、实体等。属性值可以是表达属性的任意数值或符号，同一类属性可以具有不同的属性值，例如，长度的度量单位可以是英尺（1 英尺 =0.3048 米）或米。不同的属性也可能具有相同的取值和不同的含义，例如，年份和年龄都是整数型数值，而年龄通常有取值区间。

3.1.1 数据基础

1. 数据的分类

数据的分类和信息与知识的分类相关。从关系模型的角度讲，数据可被分为实体和关系两部分。实体是被可视化的对象：关系定义了实体和其他实体之间关系的结构和模式，关系可被显式地定义，也可在可视化过程中逐步挖掘。实体或关系可以配备属性，例如，一个苹果的颜色可以看作它的属性。实体、关系和属性在数据库设计中已广泛使用，形成了关系型数据库的基础。

实体关系模型能描述数据之间的结构，但不考虑基于实体、关系和属性的操作。常规的数据操作包括数值计算；数据列表的插入、融合与删除；取反；生成新的实体或关系；实体的变换；从其他对象中形成新对象；将单个实体拆分成组件。

数据属性可分为离散属性和连续属性。离散属性的取舍来自有限或可数的集合，例如邮政编码、等级、文档单词等；连续属性则对应实数域，例如温度、高度和湿度等。在测量和计算机表示时，实数表示的精度受限于所采用的数值精度。

笔记

2. 数据集

数据集是数据的实例。常见的数据集的表达形式有三类。

（1）数据记录集。数据记录由一组包含固定属性值的数据元素组成。数据记录主要有三种形式：数据矩阵、文档向量表示和事务处理数据。

如果数据对象具有一组固定的数值属性，则数据对象可视为高维空间的点集，每个维度对应单个属性。这种数据集可以直接表达为一个矩阵。其中，矩阵的每行代表一个对象，每列代表单个属性在数据集中的分布。这种表示方法称为数据矩阵。数据矩阵通常采用表单进行组织，又称为电子表单。常见的电子表单可以采用枢轴表技术进行自动排序、计数和总计，生成另外的表单。本质上讲，这是一种简化的联机分析处理技术。

文档中单词的集合。如果统计文档中所有单词出现的频率，则一个文档可以表示为一个向量，其长度是单词集的个数，每个分量记录单词集中每个单词在该文档中的频率。

事务处理数据是一类特殊的数据记录，每个记录包含一组数据项。例如，一组超市购物的事务处理数据是：(西瓜，梨子，苹果)、(洗发水，苹果，核桃，香蕉)、(香烟，西瓜，口香糖，笔记本，脸盆)。事务处理数据与数据矩阵的差别在于，事务处理数据的每个记录包含的个数和属性不固定，因此无法用矩阵这种大小确定的方式表达。

（2）图数据集。图是一种非结构化的数据结构，由一组节点和一组连接两个节点的加权边组成。常见的图数据有表达城市之间航空路线的世界航线图、万维网链接图、化学分子式等。树是一种没有回路的连通图，是任意两个顶点间有且只有一条路径的图。

（3）有序数据集。有序数据是具有某种顺序的数据集。常见的数据集包括空间数据、时间数据、时空数据、顺序数据和基因测序数据等。

在某些场合（如科学可视化），数据可以根据数据的维度进行分类：标量（一维点）、向量（多维点）、张量（矩阵）等。

数据集的另一种分类是考查数据模型的结构。可以用二维表结构逻辑表达实现的数据称为结构化数据，如数据矩阵（二维表单）；反之，难以采用数据库二维逻辑表表达的数据称为非结构化数据，如图数据、文本、图像、音频和视频等。半结构化数据是介于结构化数据（如关系型数据库、面向对象数据库中的数据）和完全无结构数据（如声音、图像文件等）的数据，如 XML 文档。随着互联网的飞速发展，大量文本和多媒体内容被不断地产生和接收，非结构化数据日趋广泛。

3. 数据相似度与密度

相似度是衡量多个数据对象相似的数值，通常位于 0 和 1 之间，与之对应的测试是相异度，其下限是 0，上限与数据集有关，可能超过 1 邻近度是相似度和相异度的统一描述。

计算相似度有很多种方法，一些常用的距离和相似度定义有：

（1）欧几里得距离。

（2）闵科夫斯基距离。

（3）余弦距离。

（4）Jaccard 相似度。

笔记

如果数据对象的属性具有多种类型，则可为每个属性计算相似度，再进行加权平均。

在基于密度的数据聚类时，需要衡量数据的密度，通常定义有三类：

（1）欧几里得密度。

（2）概率密度。

（3）基于图结构的密度。

在第一类方法中，最简单的方法是等分区域，统计每个部分包含的点的数目。另一种基于中心的欧几里得密度定义为该点固定尺寸邻域中的点的数目。

3.1.2 数据科学及过程

我们身处数据为王的时代。在我们生活的世界中，信息量与时俱增，每天都有大量的数据在身边被创建、复制和传输。互联网数据中心（IDC）于 2011 年发布的一项统计表明，在过去 5 年中，每年全世界数据问题均比前一年翻一番，并且 2011 年全年世界创建和复制的数据问题已达到 1.8ZB。通常，拥有更多的数据意味拥有更多的价值，然而，当前的信息处理和分析手段却远落后于数据获取的速度。

在这样的背景下，麦肯锡公司在 2011 年开始提出“大数据时代”。“大数据”通常指无法在现有能力和工具的支持下，在可接受的时间范围进行采集、管理和处理的数据，其特征如下：

（1）海量的数据规模。海量的数据源源不断地产生、存储和消费。随着数据采集方式和存储设备的不断更新，我们保存的网页数据、电子商务数据、金融交易数据等开始快速积累起来。

（2）快速的数据流转、动态的数据体系。数据量的增大和数据产生速度的加快决定了大数据时代人们需要面对快速的数据流转。各种各样的传感器、监控摄像头等数据采集设备给人们带来巨大的采集数据流，每天在因特网上产生和消失的网站及数据也构成了调整变更中的数据体系。对于当前人们无法承受的数据流动和变更速度来说，如何存储、管理、分析这些数据成了一个棘手的问题。

（3）多样的数据。当前我们能够遇到的大数据通常是一个没有统一定义的、非结构化的数据，这意味着这些数据的存储格式、组织形式以及数据间的关系没有一个统一的数据模型来描述。如何有效地应对以结构化、非结构化数据组成的异构数据体系，是大数据时代处理复杂数据的重要议题之一。

（4）巨大的数据价值。数据获取和数据计算设备越来越强大和廉价，这使得以计算的手段从数据中挖掘出应用价值成为可能和必然。例如，网站可以利用用户行为数据为用户提供个性化服务，公司可以基于商业数据开发数据产品作为用户增值服务等。

互联网时代，许多拥有大量客户数据的 IT 企业和金融企业开始意识到他们积累的商业数据能够发挥的作用与日俱增。商业数据分析人员可以基于客户数据发现潜在的市场，或者对顾客行为习惯进行分析，以提供更具有针对性的服务。在大数据时代，这些海量数据已经开始成为 IT 企业的核心竞争力之一。截至 2012 年 6 月，Facebook 用户数据已达到 9.55 亿，每天用户在网站上的活动都会导致海量行为数据的产生，这为人类行为分析提供

了契机。Facebook 内部的数据科学小组已经开展了很多研究活动，以期从海量人类社会行为数据中寻找到可利用的模式，推动人类对自身行为的认识进程。对于一些 B2C 网站，大数据的研究和基于数据的产品服务也是企业的重要发展方向之一。金融服务类机构同样拥有大量客户数据，通过对大数据进行分析、挖掘，银行能够有效地发现金融欺诈行为，而保险公司可以从客户数据中发现潜在的“优质客户”，并分析出适合这些客户的保险产品，进行个性化营销。

数据在政府管理、国家安全等领域的价值也越来越明显。从 2009 年起，美国政府通过数据网站开始向公众提供各类政府数据。几乎同时，联合国推出“全球脉动”项目，期望利用大数据促进全球经济发展。例如，采用基于数据的情绪分析方法分析社交网站内容，可以预测某些重要事件的经济发展趋势。同时，国家战略政策方针的制定也开始依赖大数据和数据科学，期望从数据中能够寻找到支持国家政策的有效信息。2012 年 3 月 29 日，美国白宫科学和技术政策办公室发布了《大数据研究与发展倡议》，通过实施政府数据集开放化，推动数据和统计课程在教育计划中的比重，以及建立针对某些特定方面数据的持续收集方法等措施，促进大数据为国家更好地使用。

在服务科学蓬勃发展的今天，我们也开始走向“数据即服务”的时代。用户可以随时随地按需求获取数据和信息。海量数据带来了相应的海量数据处理及分析需求。然而，传统方法难以应对海量原始数据的直接处理和分析，在很多情况下数据被淹没于浩瀚的“数据海洋”中。这些被淹没的数据不乏能够提供有价值信息的数据，因此在解决大数据获取、存储等问题的同时，亟需一种能够针对大数据进行统计、分析和信息提取的方法。近年来，双数据为原材料的电子科学、信息科学、语义网络、数据组织与管理、数据分析、数据挖掘和数据可视化等手段，可以有效地提取隐藏在数据中有价值的信息，并且将数据利用质量提高到传统方法所不能及的高度，是提炼科学原理、验证科学假设、服务科学探索的新型思路。现在，研究这种综合性方法的学科可称为“数据科学”，是 21 世纪新兴的一门交叉学科。数据科学涵盖了数据管理、图书馆科学、计算机科学、统计学、视觉设计、可视化、人机交互，以及基于架构式和信息技术的物理科学。它改变了所有学科个人和协作工作的模式，使得无论是商业，还是科学数据分析处理都上升到一个新的“数据驱动”阶段，帮助数据分析师和科学家解决尺度、复杂度超越已有的所有工具承受范围的全局问题。

作为数据内涵信息的展示方法和人机交互接口，数据可视化已成为数据科学的核心要素之一。面向海量数据，大多数时候我们很难通过直接观察数据本身，或者对数据进行简单分析后得到数据中蕴含的信息。例如，我们无法通过查看海量的服务器日志判断系统是否遭到攻击威胁，或者简单统计交友网站上所有的好友关系来发掘用户的喜好等。海量数据通过可视化方法变成形象、生动的图形，有助于人类对数据中的属性、关系进行深入研究，利用人类智慧挖掘数据中蕴含的信息，从表面杂乱无章的海量数据中探究隐藏的规律，为科学发现、工程开发、医学诊疗和商业决策等提供依据。可视化可作用于数据科学过程中不同的部分，作为一种人机交互手段贯穿于整个数据过程。

笔记

3.2 数据获取和预处理

3.2.1 数据获取

大数据时代的特点之一是数据开始变得廉价，即收集数据的途径多种多样，成本相对低廉。通常，数据获取手段有实验测量、计算机仿真与网络数据传输等。传统的数据获取方式以文件输入/输出为主。在移动互联网时代，基于网络的多源数据交换占据主流。数据获取的挑战主要有数据格式变换和异构异质数据的获取协议两部分。数据的多样性导致不同的数据语义表达，这些差异主要来自不同的安全要求、不同的用户类型、不同的数据格式、不同的数据来源。

数据获取协议作为一种通过的数据获取标准，在科研领域应用比较广泛。该协议通过定义基于网络的数据获取句法，以完善数据交换机制，维护、发展和提升数据获取效率。理论上，数据获取协议是一个中立的、不受限于任何规则的协议，它提供跨越规则的句法的互操作性，允许规则内的语言互操作性。数据获取协议以文件为基础，提供数据格式、位置和数据组织的透明度，并以纯 Web 的方式与网络 FTP/FIP、HTTP、SRB、开放地理空间联盟、天文学等协议兼容。经过数年发展，第二代数据获取协议（DAP2）已提供了一个与领域无关的网络数据获取协议，成为 NASA/ESE 标准，最新的 DAP4 提供了更多的数据类型和传输功能，以适应更广泛的环境，直接满足用户需求。

除此之外，互联网上存在大量免费的数据资源，这些资源通常由网站进行维护，并开放专门的 API 使用户访问。Google 作为全世界最大的互联网公司之一，提供了许多用于免费数据获取的 API。Twitter 和 Facebook 等社交网站也开放了数据获取 API，用于获取社交网络的相关信息。

3.2.2 数据预处理

数据获取之后，通常需要进行预处理。常见的数据元操作如下。

1. 合并

合并是指将两个以上的属性或对象合并为一个属性或对象。合并操作的效用包括有效简化数据，改变数据尺度以及减少数据的方差。

2. 采样

采样是统计学的基本方法，也是对数据进行选择的主要手段，在对数据的初步探索和最后的数据分析环节经常采用。统计学家实施采样操作的根本原因是获取或处理全部数据集的代价太高，或者时间开销无法接受。如果采样结果大致具备原始数据的特征，那么这个采样是具有代表性的。最简单的随机采样可以按某种分布随机从数据集中等概率地选择数据项。当某个数据项被选中后，它可以继续保留在采样对象中，也可以在后续采样过程中被剔除。在前一种模式中，同一个数据项可能被多次选中。采样也可分层次进行：先将

笔记

数据全集分为多份，然后在每份中随机采样。

3. 降维

维度越高，数据集在高维空间的分布越稀疏，从而减弱了数据集的密集和距离的定义对于数据聚类和离群值检测等操作的影响。将数据属性的维度降低，有助于解除无关特征等。降维是数据挖掘的核心研究内容。常规的做法有主元分析、奇异值分解、局部结构保持的 LLP、ISOMAP 等方法。

4. 特征子集选择

从数据集中选择部分数据属性值可以消除冗余的特征、与任务无关的特征。特征子集选择可达到降维的效果，但不破坏原始的数据属性结构。特征子集选择的方法包括：暴力枚举法、特征重要性选择、压缩感知理论的稀疏表达方法等。

5. 特征生成

特征生成可以在原始数据集基础上构建新的能反映数据集重要信息的属性。三种常用的方法是：特征抽取、将数据应用到新空间、基于特征融合与特征变换的特征构造。

6. 离散化与二值化

将数据集根据其分布划分为若干个子类，形成对数据集的离散表达，称为离散化。将数据值映射为二值区间，是数据处理中的常见做法。将数据区间映射到 [0,1] 区间的方法称为归一化。

7. 属性变换

将某个属性的所有可能值一一映射到另一个空间的做法称为属性变换，如指数变换、取绝对值等。标准化与归一化是两类特征的属性变换，其中标准化将数据区间变换到某个统一的区间范围，归一化则将数据区间变换到 [0,1]。

3.3 数据组织与管理

大数据时代随着信息量的飞速增长，人们不得不面对“无关、错误的信息随之增长”这样一个事实。从数据获取、存储直到最后的分析、可视化，其中很多因素都会造成无关、错误数据的产生和引入，例如，使用不同的数据源可能直接引入重复或无关的数据；数据处理阶段没有很好地将无关、错误的数据过滤出去；由于资源限制而无法进行海量数据的过滤清理等。因此，我们需要对这些过程进行自动控制，使得数据能够进行有效的组织，进而能够存储起来供后续分析使用。

数据管理指对数据进行有效的收集、存储、处理和应用的过程。随着计算机技术的发展，数据管理经历了人工管理、文件系统、数据库系统三个阶段。在面向复杂数据的数据可视化过程中，还涉及面向应用的数据管理，它的管理对象是数据生命周期所涉及的应用过程中描述构成应用系统构件属性的元数据，包括流程、文件、数据元、代码、规则、脚本、档案、模型、指标、物理表、ETL、运行状态等。

笔记

数据组织指按一定方式和规则对数据进行归并、存储、处理的过程。实现数据有效管理的关键是数据组织。从逻辑上看，数据组织具有一个层层相连的层次体系：位、字符、数据元、记录、文件、数据库。其中，记录是逻辑上相关的数据元组合；文件是逻辑上相关的记录集合；数据库是一种作为计算机系统资源共享的数据集合。

1. 文件存储

数据组织和管理的最简单形式是文件。在 DBMS（数据库管理系统）出现以前，人们通常以文件作为数据输入和输出的形式。然而，以文件作为数据存储形式有相当多的弊端，例如，数据可能出现冗余，不一致，数据访问烦琐，难以添加数据约束，安全性不高等问题，然而，作为一种高度灵活的数据存储形式，它允许使用者非常自由地进行数据处理而不受太多约束。

电子表单是多功能的数据组织形式，广泛用于办公自动化、商业和自然科学领域的数据组织与管理中，几乎所有的办公软件都支持标准电子表单文件的导入与导出。电子表单文件的变种，如逗号分隔值文件格式，也已经被大量的数据交换程序所支持。电子表单格式的主要缺点是缺少类型和元数据，因而在使用时需要预先给出对每个数据项的语义解释。

2. 结构化文件格式

为方便通用型数据存储和交换，数据导向型的应用程序采用标记语言格式将数据进行结构化组织，XML 是其中的典型代表，科学领域中高效能处理要求和特殊的领域知识使得人们定义特定的结构化文件记录数据。

3. 数据库

数据组织的高级形式是数据库，即存储在计算设备内、有组织的、共享的、统一管理的数据集合。数据库中保存的数据结构既描述了数据间的内在联系，便于数据增加、更新与删除，也保证了数据的独立性、可靠性、安全性与完整性，提高了数据共享程序和数据管理效率。关系数据库模型是当前数据库系统最常用的数据模型。

3.3.1 数据清洗与精简

数据质量是数据采集后所需考虑的第一个问题。对于海量数据来说，未经处理的原始数据中包含大量的无效数据，这些数据在到达存储过程之前就应该被过滤掉。例如，在分析结构化数据时常常需要过滤含有无效值的记录，或者用某种规则对无效值部分进行校正等。

在原始数据中，常见的数据质量问题包括：噪声和离群值、数据缺失、数据重复等。解决这些问题的方法称为数据清洗。

（1）噪声指对真实数据的干扰；离群值指与大多数数据偏离较大的数据。

（2）数据缺失的主要原因包括：信息未被记录；某些属性不适用于所有实例。处理数据缺失的方法有：删除数据对象；插值计算缺失值；在分析时忽略缺失值；用概率模型估算缺失值等。非结构化数据通常存在低质量数据项（如从网页和传感器网络获取的数据），构成了数据清洗和数据可视化的新挑战。

（3）数据重复的主要来源是异构数据源的合并，可采用数据清洗方法消除。

处理数据丢失和重复记录仅是数据清洗的一部分。其他操作还包括：运用汇总统计删除、分辨或者修订错误或不精确的数据；调整数据格式和测量单位；数据标准化与归一化等。另一方面，实际采集的数据经常包含错误和自相矛盾的内容，而且实验、模拟和信息分析过程不可避免地存在误差，从而对分析结构产生很大的影响。通常，这类问题可以归结为不确定性。不确定性有两方面内涵，包括各数据点自身存在的不确定性，以及数据点属性值的确定性。前者可用概率描述，后者有多种描述方式，如描述属性值的概率密度函数，以方差为代表的统计值等。由于不确定性数据与确定性数据存在显著差异，所以针对不确定性数据需要采取特殊的数据建模、分析和可视化方法。

可视化作为一种有效的展示手段和交互手段，在数据清洗中发挥了巨大的作用。有人提出 33 种“脏”数据类型，并且强调其中的 25 种在清理时需要人的交互。这意味着，多种“脏”数据在清理时可使用交互式可视化方法提高数据清理效率。

由高维性带来的维度实验、数据的稀疏性和特征的多尺度性是大数据时代中数据特有的性质。直接对海量高维的数据集进行可视化通常会产生杂乱无章的结果，这个现象被称为视觉混乱。为了能够在有限的显示空间内表达比显示空间尺寸大得多的数据，需要进行数据精简。在数据存储、分析层面进行的数据精简能降低数据复杂度，减少数据点数目并同时保留数据的内涵特征，从而减少查询和处理时的资源开销，提高分析的响应性能。

在数据仓库或联机分析处理系统的应用中，数据精简可用于提升大规模数据查询和管理的交互性。由于分析和推理只需要定性的结果，所以可采用近似解提高针对大数据的精简效率。

面向大数据的交互可视化对数据组织和管理提出了更高的要求。实时计算机图形学发展的一些理念，如可伸缩的数据结构和算法、层次化数据管理和多尺度表达等方法经常应用在交互式数据可视化应用上。在选择恰当的数据精简方法时，使用者必须对时机、对象、使用策略和视觉质量评估等因素进行综合考查，这些考查项目不仅针对数据管理、数据可视化等学科，往往还涉及认知心理学、用户测试、视觉设计等，以及是否使用可视化为标准。数据精简方法可分为以下两类。

（1）使用质量指标优化非视觉因素，如时间、空间等。

（2）使用质量指标优化数据可视化，称为可视数据精简。

可视数据精简需要自动分析数据，以便选择和衡量数据的不同特征，如关联性、布局和密度。这些量度指导和评估数据精简的过程，向用户呈现优化的可视化结果。常用的可视化质量指标包括尺寸、视觉有效性和特征保留度。尺寸是可量化的量度，如数据点的数据构成了其他计算的基础。视频有效性用于衡量图像退化（如冲突、模糊等）或可视布局的美学愉悦程度。特征保留度是评估可视化质量的核心，它衡量可视化结果在数据、可视化和认知角度正确展现数据特性的程度。

3.3.2 数据整合与集成

笔记

对于来自不同数据源的数据来说，它们具有高度异构的特点：不同的数据模型、不同的数据类型、不同的命名方法、不同的数据单元等。例如，来自不同国家气象检测站的气象数据，或不同企业的客户数据等。当需要对这些异构数据的集合进行处理时，首先需要有效的数据集成方法对这些数据进行整合。数据整合指将不同数据源的数据进行采集、清洗、精简和转换后统一融合在一个数据集合中，并提供统一数据视图的数据集成方式。

一般来说，数据整合的常用方式有以下两种。

（1）物化式：查询之前，涉及的数据块被实际交换和存储到同一物理位置。物化式数据整合需要对数据进行物理移动，即从源数据库移动到其他位置。

（2）虚拟式：数据并没有从数据源中移动，而是在不同的数据源之上增加转换策略，并构建一个虚拟层，以提供统一的数据访问接口。虚拟式数据整合通常使用中间件技术，在中间件提供的虚拟数据层之上定义数据映射关系。同时，虚拟层还负责将不同数据源数据在语义上进行整合，即在查询时做到语义一致。例如，不同公司的销售数据“利润”的表达各有不同，在虚拟层中需要提供处理机制，将不同的“利润”数据转化为同一种含义，供用户查询使用。

数据整合的需求来源于多个方面，从数据获取的角度看，数据获取的不精确、大范围的不协调数据采集策略、商业竞争和空间限制等都是进行多数据源数据整合的原因。在实际的数据可视化应用中，来自不同数据源的数据可能具有不同的质量，这也是面向不同质量数据的整合方法的动机。

交互分析和可视数据要求数据整合采用集中式、虚拟式的模式。基本解决方案是采用工具或中间件进行数据源包装和数据库联合，提供通用模型用于交换异构数据和实现物理层透明，同时处理异构性，保存数据源的自主性及保证可扩展性。更好的方式是基于计算查询理念的语义整合，利用应用领域的概念视图，而不是数据源的普通描述，以提供概念数据的透明性。

数据集成指数据库应用中结合不同资源的数据并为用户提供数据集合的统一，数据集成的涵盖范围要比数据整合广。此外，数据整合与数据联合也有所区别；数据整合关注对众多独立和异构的数据源提供统一和透明的访问，使得原本无法被单数据源支持的查询表达获得支持，因此需要一个实际的物理数据源作为统一数据视图的数据来源；数据联合则提供了一种逻辑上统一、实际物理位置分布在多个数据源中的数据的集成。

3.3.3 数据库

在当今以数据为基础的服务中，数据库作为信息存储应用已经成为其基础部分。对于能够获取到的信息，需要一种强大的、灵活的管理系统和理论有效地组织、存储和管理大量数据，以进一步发挥这些数据的价值。在这样的背景下，数据库和数据库管理系统应运而生，担当起数据组织和存储的角色。

数据库是数据的集合，并且同时包含对数据的相关组织和操作。数据库管理系统用来满足对数据库进行存储、管理、维护以及提供查询、分析等服务的需要。通常，数据库管理系统需要考虑以下几方面因素。

（1）数据库模型设计。

（2）数据分析支持。

（3）并发和容错。

（4）速度和存储容量。

数据库结构的基础是数据模型，它是数据描述、数据联系、数据域以及一致约束的集合。现有的数据模型主要有基于对象和基于记录的逻辑模型。

E-R模型是一种著名的基于对象的逻辑模型，它根据现实世界中的实体及实体间的关系对数据进行抽象构建。

关系模型作为一种最常见的基于记录的逻辑模型，广泛应用在当前各种关系型数据库系统中。它借助关系代数等数学概念和方法处理数据库中的数据，由关系数据结构、关系操作集合、关系完整性约束三部分组成。关系型数据库是建立在关系模型基础上的数据库。在关系数据模型中，数据以表格的形式表现，数据之间的联系由属性值而不是显式的链接表达，这一特性以及SQL所带来的访问灵活性促使关系模型快速取代了旧有的数据模型。当前主流的关系型数据库有IBM DB2、Oracle、Microsoft SQL Server、MySQL等。标准查询语言（SQL)是关系型数据库的结构化查询语言，它提供了对关系型数据库中的表记录进行查询、操纵的功能。

现代的关系数据库管理系统对数据结构和数据内容提供了明确的分离，允许用户通过控制和管理的方式访问数据，同时采用稳定的方法处理安全性和数据一致性。它通过将数据管理设计成符合原子性、一致性、隔离性和持久性的事务，确保上述数据管理要求的实现，并使分布在计算机网络不同地点的数据库的并发数据访问和数据恢复得到支持。通过使用SQL语句，数据库向用户隐藏了具体的分布细节，而提供了统一的数据访问接口。针对查询优化和数据索引发展的大量理论和实践研究增强了关系型数据库处理海量数据集的能力。

关系型数据库系统已经被许多领域作为数据存储管理基础所使用。然后，对于数据可视化应用和其他一些数据应用，关系型数据库存在一些缺陷。

（1）交互式数据可视化应用通常需要将数据存储于内存，以保证足够的性能。除了一些内存数据库，普通的关系型数据库难以满足可视化的高性能要求。

（2）SQL支持的数据类型是存储导向的，而不是语义导向的。因此，对复杂关系数据进行处理和可视化时，使用者需要在数据库中添加更多的数据描述表达记录间的语义关联，然而，这样做会增加数据库设计的复杂度以及存储、查询开销。

（3）关系型数据库的事件通知通常用触发器机制实现。这种低效的通知机制难以满足数据可视化的实时性要求。

在数据爆炸时代，相对于传统的结构化数据来说，新增加的大部分数据类型都是在自然和社会环境中产生的，这些数据类型并不具有结构化特征，即它们很难以行数据的形式存储在结构化二维逻辑表中。这些数据包括文本、超文本、标记语言数据、视频、音频等多媒体资源，以及社交媒体内容、数字传感器数据等。虽然非结构化数据在数据库领域尚

笔记

处于新兴研究方向，并且比较难以处理，但这种非结构化数据却占据着大数据时代的主流地位。远至几千年前的埃及象形文字，近到社交网站中的用户关系，都属于非结构化数据关系的一员。这些非结构化数据通常难以直接归入传统的数据库，从而使面向结构化数据的关系型数据库的局限性越来越明显。为此，基于非结构化数据的应用需要一种在数据存储、管理层面上的通用解决方案，即非结构化数据库。非结构化数据库指字段长度可变，每个字段的记录可由可重复或不可重复的子字段构成的数据库。它可管理非结构化数据，同时也提供面向传统结构化数据的管理。

从应用目标的角度看，数据库系统同时还可以提供对所有存储的数据进行分析，继而进行决策支持的功能。分析型数据库是面向分析应用的数据库系统，主要提供数据的在线统计、在线分析、即时查询等操作。为了提高针对复杂数据的分析效率，分析型数据库采用基于列的方式。

非关系型数据库也称为 NoSQL 数据库。NoSQL 曾经为行业标准术语，但该名称目前不那么流行了，因为它不能完全涵盖非关系型数据存储的复杂性和适用范围。目前，我们所知的非关系型数据库有 MongoDB、DocumentDB、Cassandra、Coachbase、HBase、Redis 和 Neo4j。这种数据库能够满足对数据的高并发读写、高效存储和访问、数据库高扩展性和高可用性等需求，为 SNS 网站等规模大、并发数高的应用提供了符合其性能标准的解决方案。

现有的一些数据可视化应用开始直接针对关系型数据库进行可视化，并且拥有简单的统计、分析功能。例如，基于表格数据的可视分析系统方案将表格数据映射为以节点 - 连接布局表示的网络结构，并支持表格上的各关系代数运算，将关系代数运算结果以可视化方式展现出来。

3.3.4 数据仓库

数据仓库指“面向主题的、集成的、与时间相关的、主要用于存储的数据集合，支持管理部门的决策过程”，其目的是构建面向分析的集成化数据环境，为分析人员提供决策支持。区别于其他类型的数据存储系统，数据仓库通常有特定的应用方向，并且能够集成多个异构数据源的数据。同时，数据仓库中的数据还具有时变性、非易失性等特点。数据仓库中的数据来源于外部，开放给外部应用，其基本架构是数据注入 / 流出的过程，该过程可分为三层——源数据、数据仓库和数据应用。

数据仓库相当于决策者理解和分析的综合数据资源库，与传统数据库的区别主要是：

数据仓库通常围绕着某个应用目标、应用领域或使用者所感兴趣的内容制定，包含一些相关的、由外部产生的数据。

数据仓库可以不断更新和增长，这意味着数据可以被源源不断地积累起来，从而允许用户分析数据的趋势变化、模式和相互关系。

数据仓库为复杂的决策支持查询进行了大量优化。数据仓库的不同目标和数据模型也同时引发了不同于传统数据库的技术、方法论和方法的各种研究。

对于结构化或非结构化数据，数据仓库都能有效地进行处理，并且还能提供两种数据的整合功能。

3.4 数据分析与挖掘

数据即事实，是实验、测量、仿真、观察、调查等的结果。数据分析指组织有目的地采集数据、详细研究和概括总结数据，从中提取有用信息并形成结论的过程，其目的是从一堆杂乱无章的数据中集中、萃取和提炼出信息，探索数据对象的内在规律。概念上，数据分析的任务分析为定位、识别、区分、分类、聚类、分布、排列、比较、内外连接比较、关联、关系等活动。基于数据可视化的分析任务则包括识别、决定、可视化、比较、推理、配置和定位。基于数据的决策可分解为确定目标、评价可供选择方案、选择目标方案、排列方案等。从统计应用上讲，数据分析可以被分成描述性统计分析、探索式数据分析和验证性数据分析三类。

数据分析从统计学中发展而来，在各行业中体现出极大的价值。具有代表性的数据分析方向有统计分析、探索式数据分析、验证性数据分析、在线分析与处理等，其中探索式数据分析主要强调没有发现过的特征和信息，验证性数据分析则强调通过分析数据验证或证伪已提出的假说。统计分析中的传统数据分析工具包括排列图、因果图、分层法、调查表、直方图等。面向复杂关系和任务，又发展了新的分析手段，如关联图、系统图、矩阵图、计划评审技术、矩阵数据图等。流行的统计分析软件，如 R、SPSS、SAS，支持大量的统计分析方法。

数据分析与自然语言处理、数值计算、认知科学、计算机视觉等结合，衍生出不同种类的分析方法和相应的分析软件。例如，科学计算领域的 MATLAB，自然语言处理领域的 SPSS/Text、SAS Text Miner，计算机视觉领域的 OpenCV。

从流程上看，数据分析以数据为输入，处理完毕后提炼出对数据的理解。因此，在整个数据工作流中，数据分析建立在数据组织和管理基础上，通过通信机制和其他应用程序连接，并采用数据可视化方法呈现数据分析的中间结果或最终结论。面向大型或复杂的异构数据集，数据分析的挑战是结合数据组织和管理的特点，考虑数据可视化的交互性和操控性要求需求。一方面，部分数据分析方法采用增量式的策略，但不提供给用户任何中间结果，阻碍了用户对数据分析中间结果的理解和对分析过程的干预。解决方案之一是设计标准化协议。例如，微软公司定义了用于分析 XML 的协议，其核心是数据挖掘可预测模型标记语言。另一方面，用户对部分数据分析结果或可视化结果可能会进行微调、定位、选取等操作，这需要数据分析方法针对细微调节快速修正。

数据挖掘被认为是一种专门的数据分析方式，与传统的数据分析方法的本质区别是前者在没有明确假设的前提下挖掘知识，得到的信息具有未知、有效和实用三个特征，并且数据挖掘的任务往往是预测性的，而非传统的描述性任务。数据挖掘的输入可以是数据库或数据仓库，或者是其他的数据源类型，例如网页、文本、图像、视频、音频等。

联机分析处理是面向分析决策的方法。传统的数据库查询和统计分析工具负责提供数据库中的内容信息，而联机分析处理则提供基于数据的假设验证方法。这个过程是一个演绎推理的过程。与之相反的是，数据挖掘并不验证某个假定的模型的正确性，而是从数据中计算未知的模型，因此本质上是一个归纳的过程，通过构建模型对未来进行预测。

数据挖掘和联机分析处理都致力于模式发现和预测，具有一定的互补性。当然，数据

笔记

挖掘并不能替代传统的统计分析和探索式数据分析技术。在实际应用中，需要针对不同的问题类型采用不同的方法。特别地，将数据可视化作为一种可视思考策略和解决方法，可以有效地提高统计分析、探索式数据分析、数据挖掘和联机分析处理的效率。

3.4.1 探索式数据分析

统计学家最早意识到数据的价值，提出一系列数据分析方法用于理解数据特性。数据分析不仅有助于用户选择正确的预处理和处理工具，还可以提高用户识别复杂数据特征的能力。探索式数据分析是统计学和数据分析结合的产物。著名的统计学家、信息可视化先驱 John Tukey 在其著作 *Exploratory Data Analysis* 中将探索式数据分析定义为一种以数据可视化为主的数据分析方法，其主要目的包括：洞悉数据的原理；发现潜在的数据结构；抽取重要变量；检测离群值和异常值；测试假设；发展数据精简模型；确定优化因子设置等。

探索式数据分析是一种有别于统计分析的新思路，不等同于统计数据可视化为主的统计图形方法。传统的统计分析关注模型，即估计模型的参数，从模型生成预测值。而大多数探索式数据分析关注数据本身，如结构、离群值、异常值和数据导出的模型。

从数据处理的流程上看，探索式数据分析和统计分析、贝叶斯分析也有很大不同。统计分析的流程是：问题，数据，模型，分析，结论；探索式数据分析的流程是：问题，数据，分析，模型，结论；贝叶斯分析的流程则是：问题，数据，模型，先验分布，分析，结论。

探索式数据分析与数据挖掘也有很大差别。前者是将聚类和异常检测看成探索式过程，而后者则关注模型的选择和参数的调节。

3.4.2 联机分析处理

联机分析处理（OLAP）是一种交互式探索大规模多维数据集的方法。关系型数据库将数据表示为表格中的行数据，而联机分析处理则关注统计学意义上的多维数组。将表单数据转换为多维数组需要两个步骤：首先，确定作为多维数组索引项的属性集合，以及作为多维数组数据项的属性，作为索引项的属性必须具有离散值，而对应数据项的属性通常是一个数值；然后，根据确定的索引项生成多维数组表示。

联机分析处理的核心表达是多维数据模型。这种多维数据模型又可表达为数据立方，相当于多维数组。数据立方是数据的一个容许各种聚合操作的多维表示。例如，某数据集记录了一组产品在不同日期、不同地点的销售情况，这个数据集可看成三维（日期，地点，产品）数组，数组的每个单元记录的是销售数量。针对这个数据立方，可以实行三种二维聚合、三种一维聚合、一种零维聚合。

数据立方可用于记录包含数十个维度、数百万个维度和大尺度，联机分析处理的挑战是设计高度交互性的方法。一种方案是预计算并存储不同层级的聚合值，以便减少数据尺度；另一种方案是从系统的可用性出发，将任一时刻的处理对象限制于部分数据维度，从而减少处理的数据内容。

联机分析处理被广泛看成一种支持策略分析和决策制定过程的方法，与数据仓库、数据挖掘和数据可视化的目标有很强的相关性，它的基本操作分为两类。

（1）切片和切块。切片指从数据立方中选择一个或多个维度上具有给定的属性值的数据项。切块指从数据立方中选择属性值位于某个给定范围的数据子集。两个操作都等价于在整个数组中选取子集。

（2）汇总和钻取。属性值通常具有某种层次结构。例如，日期包括年、月、星期等信息；位置包括洲、国家、省和城市等；产品可分为多层子类。这些类别通常嵌套成一个树状或网状结构。因此，可以通过向上汇总或向下钻取的方法获取数据在不同层次属性的数据值。

联机分析处理是交互式统计分析的高级形式。面向复杂数据，联机分析处理方法的发展趋势是整合数据可视化与数据挖掘方法，转变为数据的在线可视分析方法。例如，联机分析处理将数据聚合后的结果存储在另一张维度更低的数据表单中，并对该数据表单进行排序，以便呈现数据的规律。这种聚合 - 排序 - 布局的思路允许用户结合数据可视化的方法理解高维的数据立方表示。特别地，当需要分析的数据集的维度高达数十维时，采用联机分析处理手工分析力不从心，数据可视化则可以快速地降低数据复杂度，提升分析效率和准确度。

3.4.3 数据挖掘

数据挖掘指设计特定算法，从大量的数据集中探索发现知识或模式的理论和方法，是知识工程学科中知识发现的关键步骤。面向不同的数据类型，可以设计特定的数据挖掘方法，如数值型数据、文本数据、关系型数据、流数据、网页数据和多媒体数据等。

数据挖掘的定义有多种，直观的定义是通过自动或半自动的方法探索与分析数据，从大量的、不完全的、有噪声的、模糊的、随机的数据中提取隐含在其中的、人们事先不知道的、潜在有用的信息和知识的过程。数据挖掘不是数据查询或网页搜索，它整合了统计、数据库、人工智能、模式识别和机器学习理论中的思路，特别关注异常数据、高维数据、异构和异地数据的处理等挑战性问题。

基本的数据挖掘任务分为两类：①基于某些变量预测其他变量的未来值，即预测性方法（以人类可解释的模式描述数据）。在预测性方法中，对数据进行分析的结论可构建全局模型，并且将这种全局模型应用于观察值可预测目标属性的值。②描述性任务的目标是使用能反映隐含关系和特征的局部模式对数据进行总结。

直观地说，数据挖掘指从大量数据中识别有效的、新颖的、潜在有用的、最终可理解的规律和知识。而可视化将数据以形象直观的方式展现，让用户以视觉理解的方式获取数据中蕴涵的信息。

数据挖掘的主要方法如下：

（1）分类（预测性方法）。给定一组数据记录（训练集），每个记录包含一组标注其类别的属性。分类算法需要从训练集中获得一个关于类别和其他属性值之间关系的模型，继而在测试集上应用该模型，确定模型的精度。通常，一个待处理的数据集可分为训练集和

笔记

测试集两部分，前者用于构建模型，后者用于验证。

（2）聚类（描述性方法）。给定一组数据点以及彼此之间的相似度，将这些数据点分成多个类别，满足：位于同一类的数据点彼此之间的相似度大于与其他类的数据点的相似度。聚类技术的要点是，在划分对象时不仅考虑对象之间的距离，还要求划分的类具有某种内涵描述，从而避免传统技术的某些片面性。

（3）概念描述（描述性方法）。概念描述指对某类数据对象的内涵进行描述，并概括这类对象的有关特征。概念描述分为特征和描述，前者描述某类对象的共同特征，后者描述不同类对象之间的区别。生成一个类的特征性描述只涉及该类对象中所有对象的共性，生成一个类的区别性描述的方法有很多，如决策树方法、遗传算法等。

（4）关联规则挖掘（描述性方法）。关联规则描述在一个数据集中一个数据与其他数据之间的相互依存性和关联性。数据关联是数据库中存在的一类重要的可被发现的知识。若两个或多个变量的属性值之间存在某种规律性，就称为关联。关联可分为简单关联、时序关联、因果关联。如果两个或多个数据之间存在关联关系，那么其中一个数据可通过其他数据预测。关联规则挖掘则是从事务、关系数据中的项集合对象中发现频繁模式、关联规则、相关性或因果结构。

（5）序列模式挖掘（描述性方法）。针对具有时间或顺序上的关联性的时序数据集，序列模式挖掘就是挖掘相对时间或其他模式出现频率高的模式。序列模式挖掘主要针对符号模式，而数据曲线模式属于统计时序分析中的趋势分析和预测范畴。序列模式挖掘应用广泛，如交易数据库中的客户行为分析、Web 访问日志分析、科学实验过程的分析、文本分析、DNA 分析和自然灾害预测等。时序模式是指通过时间序列搜索出的重复发生率较高的模式。

（6）回归（预测性方法）。回归在统计学上定义为：研究一个随机变量对另一组变量的相依关系的统计分析方法。其中，线性回归是利用数理统计中的回归分析确定两种或两种以上变量间相互依赖的定量关系的一种统计分析方法。此外，当自变量为非随机变量、因变量为随机变量时，分析它们的关系称为回归分析；当两者都是随机变量时，称为相关分析。

（7）偏差检测（预测性方法）。大型数据集中常有异常或离群值，它们统称为偏差。偏差包含潜在的知识，如分类中的反常实例、不满足规则的特殊、观测结果与模型预测值的偏差、量值随时间的变化等。偏差检测的基本方法是，寻找观测结果与参照值之间有意义的差别。偏差预测的应用广泛，如信用卡诈骗监测、网络入侵检测等。偏差检验的基本方法就是寻找观察结果与参照值之间的差别。

随着数据挖掘和可视化两个数据探索方式的飞速发展，两者的关系变得愈发密切，其在数据分析和探索方面融合的趋势越来越明显，因此数据挖掘领域衍生出一种称为“可视数据挖掘”的技术。可视数据挖掘的目的是使用户能够参与对大规模数据集进行探索和分析的过程，并在参与过程中搜索感兴趣的知识。同时，在可视数据挖掘中，可视化技术也被应用于呈现数据挖掘算法的输入数据和输出结果，使数据挖掘模型的可解释性得以增强，从而提高数据探索的效率。可视数据挖掘在一定程度上解决了将人的智慧和决策引入数据挖掘这一问题，使得人能够有效地观察数据挖掘算法的结果和一部分过程。通

常，可视数据挖掘技术能够增强传统数据挖掘任务的效果，例如聚类、分类、相关度检测等。

然而，可视数据挖掘通常简单地在操作步骤上结合可视化与数据挖掘，效用不足以解决大数据的所有问题。对于一些黑箱数据挖掘方法，可视化无法有效地展示算法内部过程。相比于在输入 / 输出步骤上引入可视化，更完善的方法是结合可视化与数据处理的每个环节，这种思路成为“可视分析”这一新兴探索式数据分析方法的理论基础。

知识发现是数据发现的目标，它是从数据集中提取出有效的、新颖的、潜在有用的，以及最终可理解的模式的过程。数据挖掘最早出现于统计文献中，并广泛流行于统计分析、数据分析、数据库和信息科学领域；而知识发现开始于知识工程和认知科学，流行于人工智能和机器学习领域。知识发现的 5 个基本步骤如下。

（1）选择：了解与选择知识发现的输入数据集。

（2）预处理：对输入数据集进行预处理，消除错误，弥补缺失信息。

（3）变换：将数据转换为数据挖掘方法的处理格式。

（4）数据挖掘：应用数据挖掘工具。

（5）解释与评估：了解以及评估挖掘结果。

3.5 数据工作流

根据国际工作流管理联盟定义，工作流是多个用户之间按照某种预定义的规则传递文档、信息或任务的自动过程。工作流概念起源于生产组织和办公自动化领域，用于描述一个特定的、实际的过程步骤，在计算机应用环境下属于计算机支持的协同工作的研究范畴。定义和遵循工作流有助于以标准化、自动化的方法实现某个预期的业务目标，便于协同、分享、发布和传播有效的工作模式。

工作流通常包括两种形式：面向商业流程处理和商业数据处理的商业工作流；面向科学研究过程控制和数据处理流程控制的科学工作流。

数据工作流特指为数据处理和分析流程定义的自动过程，其本质是计算业务过程的部分或整体在计算机应用环境下的自动化，与自动化工程学科密切相关。将工作流应用于科学研究是一个新兴的研究方法。例如，专注于科学工作流研究的国际研讨会和国际期刊。

可视化在工作流系统中的应用非常广泛。在处理复杂数据和任务时，数据的中间结果是工作流的一个环节。将数据可视化理念融合到数据工作流中，将带来一些新的特点，包括：图形化、可视化设计流程图；支持各种复杂流程；B/S 结构；表单功能强大，扩展便捷；处理过程可视化管理；统计、查询和报表功能。

3.6 数据科学的挑战

数据科学是大数据时代应运而生的一门新学科。围绕数据处理的各学科方向开始遇到前所未有的挑战。

笔记

作为数据获取和存储基础的计算机科学，由于数据成本急剧下降导致数据量急剧增长、数据复杂程度快速上升，如何有效地获取数据，处理数据获取的不确定性，对原始数据进行清理、分析，进而高速完成数据存储和访问，达到去重、去粗取精的目的，是急需解决的问题。同时，如何构建结构化数据与非结构化数据之间的有效关联及语义信息，使得异构、多源数据之间的关系能够得以存储并支持后续分析，提供足够的性能保证，也是面临的挑战之一。

对于统计、分析、数据挖掘研究者，将大数据变“小”，即从大数据中获取更加有效的信息和知识，是研究重点，这需要考虑理论与工程算法两方面问题。

可视化作为数据科学中不可或缺的重要一环，也开始高度关注大数据带来的问题，其中包括：高维数据可视化，复杂、异构数据可视化，针对海量数据的实时交互设计，分布式协同可视化，以及针对大数据的可视分析流程等。

第 4 章 文档可视化

学习目标

1. 了解文本可视化。
2. 了解文档信息分析。
3. 掌握文本内容可视化。

知识导图

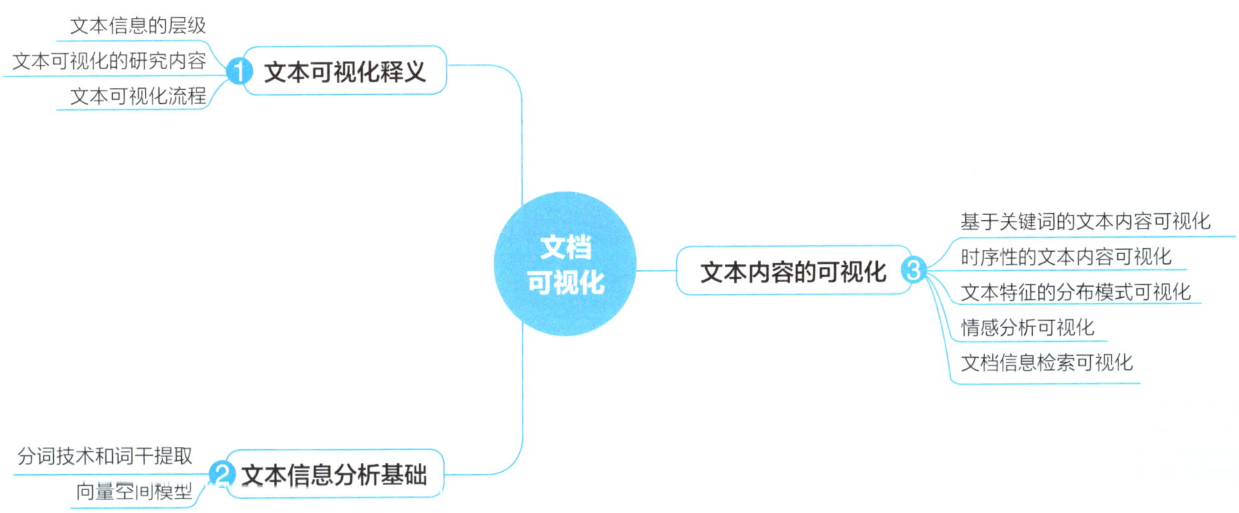

- 文档可视化
  - 1 文本可视化释义
    - 文本信息的层级
    - 文本可视化的研究内容
    - 文本可视化流程
  - 2 文本信息分析基础
    - 分词技术和词干提取
    - 向量空间模型
  - 3 文本内容的可视化
    - 基于关键词的文本内容可视化
    - 时序性的文本内容可视化
    - 文本特征的分布模式可视化
    - 情感分析可视化
    - 文档信息检索可视化

本章导读

笔记 

文本可视化涵盖信息收集、数据预处理、知识表示、视觉呈现和交互等过程。其中，数据挖掘和自然语言处理等技术充分发挥计算机的自动处理能力，将无结构的文本信息自动转换为可视的有结构信息。而可视化呈现使人类视觉认知、关联、推理的能力得到充分的发挥。因此，文本可视化有效地结合了机器智能和人工智能，为人们更好地理解文本和发现知识提供了新的途径。

4.1 文本可视化释义

文本信息无处不在，邮件、新闻、工作报告等都是日常工作中需要处理的文本信息。面对文本信息的爆炸式增长和日益加快的工作节奏，人们需要更高效的文本阅读和分析方法，文本可视化正是在这样的背景下应运而生。

一图胜千言指一张图像传达的信息等同于相当多文字的堆积描述。考虑到图像和图形在信息表达上的优势和效率，文本可视化技术采用可视表达技术刻画文本和文档，直观地呈现文档中的有效信息。用户通过感知和辨析可视图元提取信息，因而，如何辅助用户准确无误地从文本中提取并简洁直观地展示信息，是文本可视表达的原则之一。

文本可视化应用广泛，标签云技术已是诸多网站展示其关键词的常用技术，信息文本图是美国纽约时报等各大纸媒辅助用户理解新闻内容的必备方法。文本可视化还与其他领域相结合，如信息检索技术，可以可视地描述信息检索过程，传达信息检索的结果。

4.1.1 文本信息的层级

文本信息涉及的数据类型多种多样，如邮件、新闻、文本档案、微博等。文本是语言和沟通的载体，文本的含义以及读者对文本的理解需求均纷繁复杂。例如，对于同一段文字，不同人的解读不一样，有人希望了解文章的关键字、主题是什么，有人希望了解文章中所涉及的人物等。这种对文本信息需求的多样性，要求从不同层级提取与呈现文本信息。文本信息的提取由浅入深可总结为三个层级。

1. 词汇级

词汇级（Lexical Level）信息指从一连串文本文字中提取的语义单元信息。语义单元（Token）是由一个或多个字符组成的词元，它是文本信息的最小单元。词汇级可提取的信息包括文本涉及的字、词、短语，以及它们在文章内的分布统计、词根、词位等相关信息，常见的文本关键字属于词汇级别。语义单元通常通过基于规则分隔文本的分词（Tokenization）技术提取，最常用的方法是正则表达式定义的有限状态机。

笔记

2. 语法级

语法级（Syntactic Level）信息指基于文本的语言结构对词汇级的语义单元进一步分析和解释而提取的信息。语义单元的语法属性属于语法级信息，例如词性、单复数、词与词之间的相似性，以及地点、时间、日期、人名等实体信息，这些属性可以通过语法分析器识别。语法级信息的提取过程被称作命名实体识别（Named Entity Recognition）方法。

3. 语义级

语义级（Semantic Level）信息是研究文本整体所表达的语义内容信息和语义关系，是文本的最高层信息。它不仅包括深入分析词汇级和语法级所提取的知识在文本中的含义，如文本的字词、短语等在文本中的含义和彼此间的关系，还包括作者通过文本所传达的信息，如文档的主题等。

4.1.2 文本可视化的研究内容

人类理解文本信息的需求是文本可视化的研究动机。一个文档中的文本信息包括词汇、语法和语义三个层级。此外，文本文档的类别多种多样，包括单文本、文档集合和时序文本数据三大类别，这使得文本信息的分析需求更丰富。比如，对于一篇新闻报道，内容是人们关注的信息特征；而对于一系列跟踪报道所构成的新闻专题，人们关注的信息特征不仅指每一时间段的具体内容，还包括新闻热点的时序性变化。文本信息的多样性使得人们不仅提出了多种普适性的可视化技术，还针对特定的分析需求研发了具有特性的可视化技术。总体来说，文本可视化可以帮助用户快速理解一个文档的内容、特征等信息，全局查看文档集合的聚类情况，比较文档和文档集合的各种信息，关联分析多源文档数据的内容、特征等。

文本可视化的研究内容可从多个角度总结。例如，以文本文档的类别作为归纳标准的文本可视化，可分为单文本可视化、文本集合可视化和时序性可视化。

4.1.3 文本可视化流程

文本可视化的工作流程涉及三个部分：文本信息挖掘、视图绘制和人机交互。文本可视化是基于任务需求的，因而挖掘信息的计算模型受到文本可视分析任务的引导。可视和交互的设计必须在理解所使用的信息提取模型的原理基础上进行。

1. 文本信息挖掘

在文本信息挖掘层次，需要依据文本可视化的任务需求分析原始文本数据，从文本中提取相应层级（词汇级、语法级或语义级）的信息，例如文章的关键词等。通常，文本信息挖掘包括以下三个方面。

笔记

（1）文本数据的预处理。文本信息的提取通常基于文本内容进行，然而，原始文本存在无用甚至干扰的信息。以英文单词为例，单词的单复数变化、词性变化等都会影响文本的信息度量。此外，原始文本数据的格式也是多种多样的。因此，采用文本数据的预处理方法可有效过滤文本中的冗余和无用信息，提取重要的文本素材。

（2）文本特征的抽取。文本分析任务需要相关的文本特征度量，可采用文本挖掘技术提取任务所需要的特征信息，比如，词汇级的关键词、词频分布，语法级的实体信息，语义级的主题等。

（3）文本特征的度量。在有些应用环境中，用户可能会对在多种环境下或从多个数据源所抽取的文本特征的深层分析感兴趣，比如，文本主题的相似性、文本分类等。基于度量特征的相似性算法、聚类算法等可应用于本阶段进一步度量文本的信息。其中，向量空间模型是最常用的方法。

2. 视图绘制

这一阶段将文本挖掘所提炼的信息变换为直观的可视视图。在直观的可视图元的辅助下，用户可以快速地获取信息。视图绘制常常涉及两个方面：图元设计和图元布局算法。优秀的图元设计需要准确无误地承载文本的信息特征，如雷达图等。图元布局算法则要求有效而不失美感地布局图元，使得可视表达符合人类的感知。常用的图元布局算法有力引导布局算法、树图算法等。

3. 人机交互

人机交互是关于用户如何生成视图和满足分析需求而操作视图的技术。

4.2 文本信息分析基础

在文本可视化领域，文本信息挖掘方法丰富多样。词汇级信息有各种分词算法，语法级信息有多种句法分析算法，语义级信息有主题抽取算法等。本节将列举文本可视化最常用的文本分析技术。

4.2.1 分词技术和词干提取

分词技术和词干提取方法通常用于文本数据的预处理。分词指将一段文字划分为多个词项，剔除停用词，从文字中提取出有意义的词项。词干提取（Stemming）指去除词缀得到词根，得到单词最一般写法的技术。词干提取避免了同一个词的不同表现形式对文本分析带来的干扰。

以马丁路德金的“I have a dream”演讲中的一段为例，“I have a dream that one day this nation will rise up and live out the true meaning of its creed: We hold these truths to be self-

笔记

evident, that all men are created equal.”经过分词后，这段话可提取 20 个词项：I, have, dream, one, day, nation, rise, up, live, out, true, meaning, creed, hold, truths, self-evident, all, men, created, equal. 注意到 a, the, that 等对文本语义影响较弱的停用词已经被剔除。接下来，词干提取过程将“men”和“truths”分别还原为“man”和“truth”。

4.2.2 向量空间模型

无结构的文本数据无法直接用于可视化，因此，合适的文本度量方法对文本信息的提取非常重要。向量空间模型（Vector space model）指利用向量符号对文本进行度量的代数模型，指代一系列向量空间的定义、生成、度量和应用的方法与技术，常用于自然语言处理、信息检索等领域。

1. 词袋模型

词袋模型（Bag-of-words model）是向量空间模型构造文本向量的常用方法，用来提取词汇级文本信息。在过滤掉停用词等对文本内容影响较弱的词之后，词袋模型将一个文档的内容总结为在由关键词组成的集合上的加权分布向量。在基于词袋模型计算的一维词频向量中，每个维度代表一个单词；每个维度的值等于单词在文本中出现的统计信息，可引申为重要性；单词间没有顺序关系。词袋模型没有考虑语法、词序等深层信息，因而直观易懂。在文本分析过程中，采用词袋模型抽取的词频向量可为更高层的文本分析提供底层的数据支持。

2. 文本的相似性度量

向量空间模型可用于度量文本之间的相似性。它采用词项 - 文档矩阵构建多个文档的数学模型，其中，一个向量代表一个文本（如文本词频特征向量），并施以空间向量的运算刻画多个文本向量间的语义相似性。整个计算过程简单且直观易懂。

3.TF-IDF

对于向量空间模型来说，为文档中的每个词合理地分配权重非常重要。例如，上文介绍的文本相似性度量的计算中，每个词的权重对最后的相似性度量影响很大。在很多词的权重分配模型中，Term Frequency-Inverse Document Frequency（TF-IDF）是最常用的方法。TF-IDF 用以评估一个单词或字对于一个文档集或一个语料库中的其中一份文档的重要程度，其核心思想是：字词对于某个文档的重要性随着它在这个文档中出现的次数呈正相关增加，但同时会随着它在文档集合中出现的频率而呈负相关下降。其中，TF（w）是词 w 在文档中出现的次数，DF（w）是文档集中包含词 w 的文档数目，N 代表文档的总数。

4.3 文本内容的可视化

文本内容的可视化是以文本内容作为信息对象的可视化。通常，文本内容的表达包括关键词、短语、句子和主题，文档集合还包括层次性文本内容，时序性文本集合还包括时序性变化的文本内容。本节介绍基于关键词、主题阐述单文本、文档集合和时序性文档集合的可视化方法。

4.3.1 基于关键词的文本内容可视化

关键词是从文本的文字描述中提取的语义单元，可反映文本内容的侧重点。关键词可视化指以关键词为单位可视地表达文本内容。关键词的提取原则多种多样，常见的方法是词频，即越是重要的单词，其在文档中出现的频率越高。

1. 标签云

标签云（又名 Text Cloud、Word Cloud）是最简单、最常用的关键词可视化技术，它直接抽取文本中的关键词并将其按照一定顺序、规律和约束整齐美观地排列在屏幕上。关键词在文本中具有分布的差异，有的重要性高，有的重要性低。标签云利用颜色和字体大小反映关键词在文本中分布的差异，比如，用颜色或字体大小，或者它们的组合表示重要性，越是重要的词汇，其字体越大，颜色越显著，反之亦然。标签云可视化将经过颜色（或字体大小）映射后的字词按照其在文本中原有的位置或某种布局算法放置。

Wordle 是另一种广泛应用的标签云衍化技术。和标签云方法一样，Wordle 利用颜色和字体映射关键词的重要性，但 Wordle 在空间利用和美学欣赏方面有所提升。用户可自定义画布填充区，比如正方形、圆形或花瓶形状等。为了既满足画布的约束，又提高空间利用率，Wordle 改进了关键词的布局算法。首先，Wordle 定义空间填充的路径，并初始化每个单词的初始位置为路径的起点。此外，降序查找每个单词的位置。路径定义的多样性，使 Wordle 可以实现各种美观的布局效果图。

2. 文档散

文档散（DocuBurst）不仅采用关键词可视化文本的内容，还借鉴这些关键词汇在人类词汇中的关系来布局关键词。在人类词汇中，单词间存在语义层级关系，即有些词是其他词元的下义词，而在一篇文章中，单词和其下义词往往是并存的。为了从词汇间的语义层次角度可视总结文档的内容，文档散采用径向布局，外圈词汇是里圈词汇的下义词，圆心处的关键词是文章所涉及内容的最上层概述。每一个词的辐射范围覆盖其所有的下义词。

3. 文档卡片

文档卡片（Document Cards）法采用文章的关键图片和关键词信息表达文本的内容。为了达到可视化文档集合的目的，文档卡片法将每个文档的关键词和关键图片紧凑地布局在一张卡片中，将其可视化为一张“扑克牌”，这样便于用户在不同尺寸的设备中查看和对比每个文档的信息。其中，关键图片指采用智能算法抽取图片并根据颜色直方图进行分类后，从每一类图片中选取的代表性图片。

笔记

4.3.2 时序性的文本内容可视化

对于具有时间和顺序属性的文本，文本内容具有有序演化的特点。比如，一篇长篇小说有故事情节的发展变化；新闻热点随着时间的推移而发生变化。

1. 主题河流

主题河流（Theme River）是一种经典的展现文本集合主题演化的可视化方法，它采用河流作为可视原语编码文档集合中的主题信息，将主题隐喻为时间上不断延续的河流。这种方法提供了宏观的主题演化结果，辅助用户观察主题的产生、变化和消失等。

主题流在辅助用户理解每个时间段的主题内容方面存在局限性：只能将每个主题在每个时间刻度上概括为一个简单的数值，而一个简单的度量数值不能完整地描述主题的细节，比如主题的内容。为此，人们对其做了进一步的扩展，如 TIARA 和 TextFlow。与主题河流方法相比，TIARA 系统不仅使用了更为有效的文本分析技术，而且改进了布局算法，并在可视化中加入了能够帮助用户理解文本主题的关键词信息。TIARA 将标签云技术与主题流结合，用其描述文本主题在内容上随时间推进而发生的变化。此外，TIARA 为每个文本主题在每个时间点上提取出不同的关键词，然后将这些词排布在相应色带上的相应位置，并用词的大小表示关键词在该时刻出现的频率。为了紧凑美观地排列主题支流，TIARA 系统还设计了一系列自动调节支流顺序的算法。

2. 历史流

除了时序性主题可视化，文本内容的文字随着时间推移而发生的变化也是用户分析所需要观察的。众所周知，维基百科上的文章由众多作者共同维护，每个作者的维护都会产生新的版本。历史流（History Flow）方法的设计初衷是可视地表达每个版本的维护者和他们所做的修改，历史流方法可视化了维基百科上一篇词条为“Abortion”的文章随着时间推移所发生的版本变更。

4.3.3 文本特征的分布模式可视化

除了关键词、主题等总结性文本内容外，文本可视化还可用于呈现文本特征在单个文档或文档集合中的分布模式，如关键词、句子的平均长度及词汇量等。

1. 文本弧

语义单元（如单词、短语等）在文章中的分布信息也是用户关心的文本内容。文本弧(Text Arc) 方法可用来可视化一个文档中的词频和词的分布情况，整个文档用一条螺线表

笔记

示，文档的句子按照文字的组织顺序有序地布局在螺线上，即螺线开头是文章的首句，末尾是文章的结尾句子。画布中间填充的是文档中出现的单词，字体和颜色饱和度表示对应的词频。单词的放置位置由单词出现的位置和频率决定，即在全文各处出现频繁的词汇靠近画布中心，而在局部频繁出现的单词靠近其相应的螺线区域。用鼠标单击后，单词以自身为中心发出射线指示其在文档中出现的位置。同时，含有所选单词的句子用绿色高亮表示。

2. 文献指纹

文献指纹（Literature Fingerprinting）法帮助用户了解某一特征在全文中的分布规律。不同于文本弧，文献指纹将特征在整个文本中的分布用一系列像素图（pixel chart）表达，这些像素图称为文献特征指纹。文献指纹法可呈现特征的全局分布情况，方便用户对比信息的分布差异。

3. 文本特征透镜

文本特征透镜（Feature Lens）方法用于可视化文本特征在一个文档集合中不同粒度的分布情况，如关键词、短语和句子的频率。利用自身包含的文本挖掘模块提取出集合中频繁出现的文本特征后，文本特征透镜可视化不同层级的文本特征分布，使用户既可从文本集合的高度概括性角度查看文本特征的分布，还可查看文本特征在底层文本中的分布。文本特征透镜当前采用直方图度量频率分布情况，并用三个视图展示统计结果。

4.3.4 情感分析可视化

情感分析的基本任务是将文档、句子或实体特征中表达的观点分类为肯定或否定。本书介绍了 RapidMiner 中情感分析的用法。

此处提供的示例给出了电影列表及其评论，例如“正面”或“负面”。该程序实现了 Precision（ ）和 Recall（ ）方法。精度是（随机选择的）检索文档相关的概率。召回是在搜索中检索到（随机选择的）相关文档的概率。高召回率意味着算法返回了大多数相关结果。精度高表示算法返回的相关结果多于不相关的结果。

首先，对某部电影进行正面和负面评论。最后，单词以不同的极性（正负）存储。矢量单词表和模型均已创建。最后，将所需的电影列表作为输入。模型将给定电影列表中的每个单词与先前存储的具有不同极性的单词进行比较。电影评论是根据极性下出现的大多数单词估算的。例如，当查看 Django Unchained 时，会将评论与开头创建的矢量单词表进行比较。最多的单词属于正极性。因此，结果是肯定的，负面结果也是如此。

进行此分析的第一步是从数据中处理文档，即提取电影的正面和负面评论，并将其以不同极性存储。分析模型如图 4-1 所示。

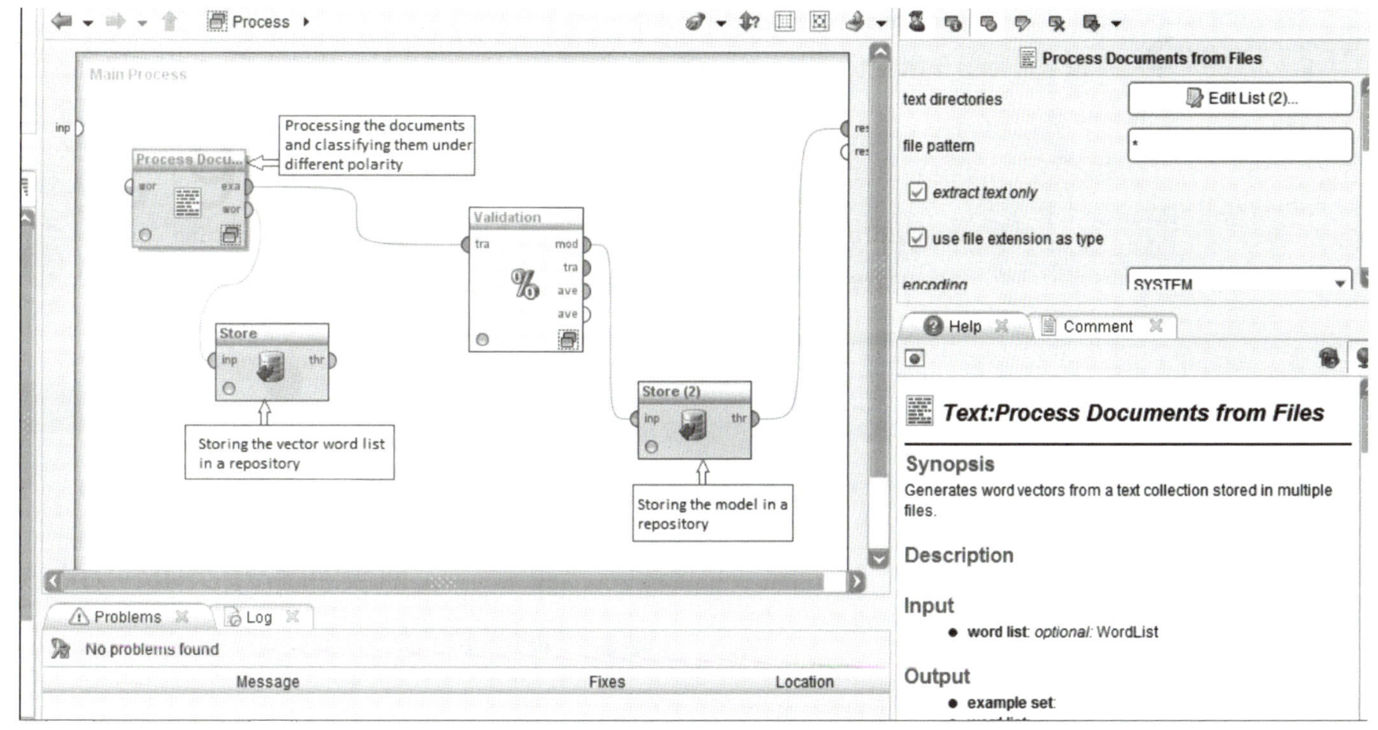

图 4-1　分析模型

在“处理文档”下单击右侧的“编辑列表”，在不同的类名称 Positive 和 Negative 下加载肯定和否定评论。

在 Process Document 运算符下发生嵌套操作，例如，对单词进行标记，过滤停止单词。

然后使用两个运算符，例如 Store 和 Validation 运算符，如图 4-1 所示。Store 运算符用于将字向量输出到我们选择的文件和目录中。验证算子 Validation（交叉验证）是评估统计模型准确性和有效性的一种方法。我们的数据集分为两部分：一个训练集和一个测试集。仅在训练集上训练模型，并在测试集上评估模型的准确性。重复 *n* 次，之后双击验证运算符，将有两个面板——培训和测试。在“培训”面板上使用线性支持向量机（SVM），这是一种流行的分类器集，因为该函数是所有输入变量的线性组合。为了测试模型，使用“应用模型”运算符将训练集应用于我们的测试集。为了测量模型的准确性，可使用 Performance 运算符。

运行模型，模型结果如图 4-2 所示。模型和向量单词表存储在存储库中。

从之前存储的存储库中检索模型和矢量单词表，接着从检索单词列表连接到流程文档操作符，单击“流程文档”运算符，然后单击右侧的编辑列表。这次，我从网站添加了 5 条电影评论的列表，并将其存储在目录中。为类名称分配未标记的名称，如图 4-3 所示，Apply Model 运算符从 Retrieve 运算符中获取一个模型，并从 Process 文档中获取未标记的数据作为输入，然后将所应用的模型输出到“实验室”端口，因此将其连接到 res（结果）端口。结果如图 4-3 所示。当您查看《悲惨世界》时，有 86.4%的人认为它是正面的，而 13.6%的人认为它是负面的，这是因为评论与正极性词表的匹配度高于与负极性词表的匹配度。

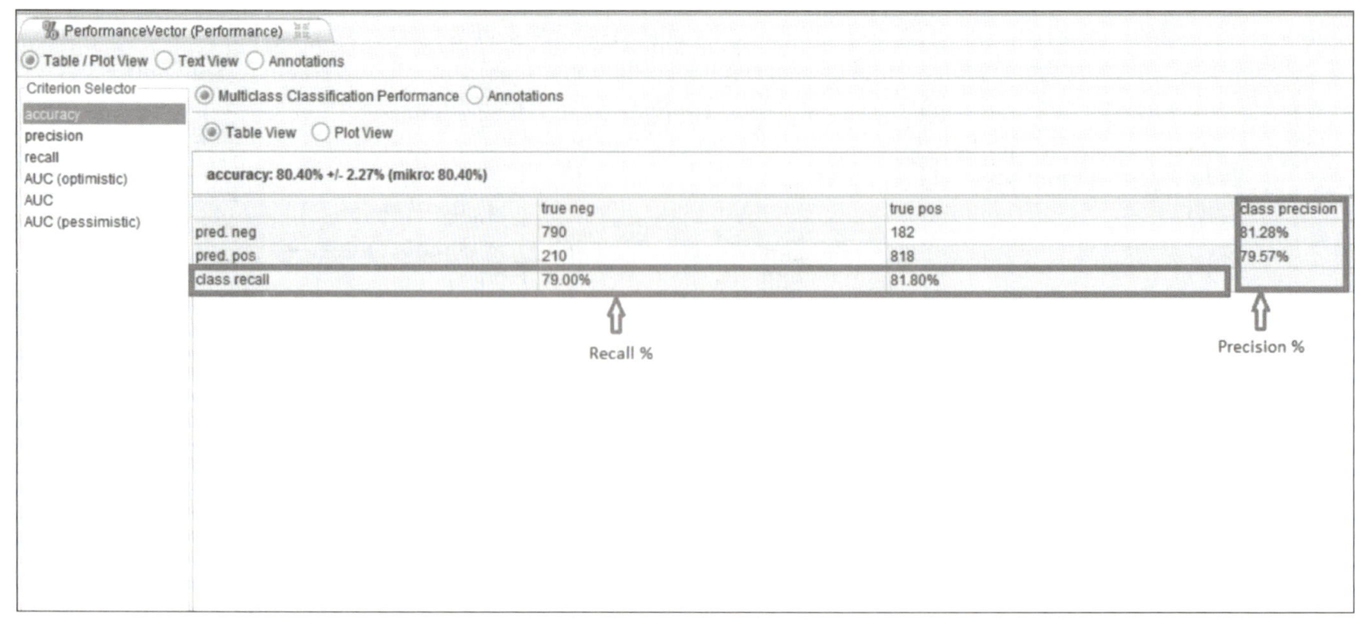

图 4-2　模型结果

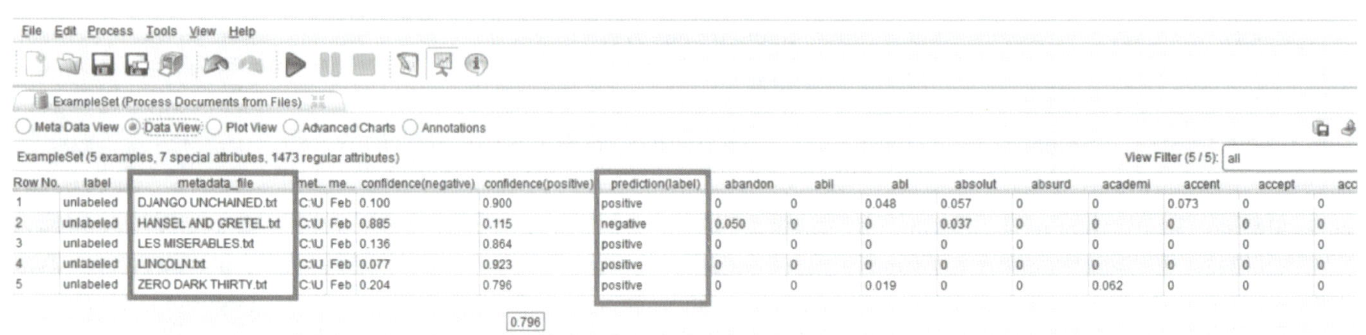

图 4-3　应用模型

4.3.5 文档信息检索可视化

在进行信息检索时，采用可视化方法辅助用户了解检索结果，并揭示结果的分布规律，可以显著提升用户的搜索体验，帮助评估搜索结果。常用于可视化的检索细节包括检索文档、查询项的相似性和检索文档所涉及的词汇等。

1. TileBar

传统的搜索结果采用字体加粗或高亮技术显示用户检索文档的匹配程度，与传统的方法不同，TileBar 方法使用丰富的可视技术帮助用户分析检索到的每篇文档和查询项间的匹配程度的信息。

笔记

2. Sparkler

通过可视化提供了查询项和检索到的文档集之间匹配程度的概览，也可用于比较不同查询项的检索结果之间的差异。Sparkler 方法的核心原理是采用点之间的距离代表文档和查询项的匹配程度，即距离越短，匹配度越高，反之亦然。为了便于比较多个查询项的检索结果集的差异，Sparkler 方法采用了径向布局方式。每个扇区代表一个查询项，圆心点代表查询项的位置，每个点代表一个文档。文档的匹配程度则通过文档块到圆心的半径表示。一个文档在不同查询项下的匹配差异可通过鼠标交互单击文档点完成，当一个文档点被单击后，它在其他查询项扇区的匹配位置会高亮显示。

第 5 章 可视化图表

学习目标

1. 了解柱状图、直方图、条形图。
2. 掌握绘制柱状图、直方图、条形图的方法。
3. 掌握绘制图形的常用函数。

知识导图

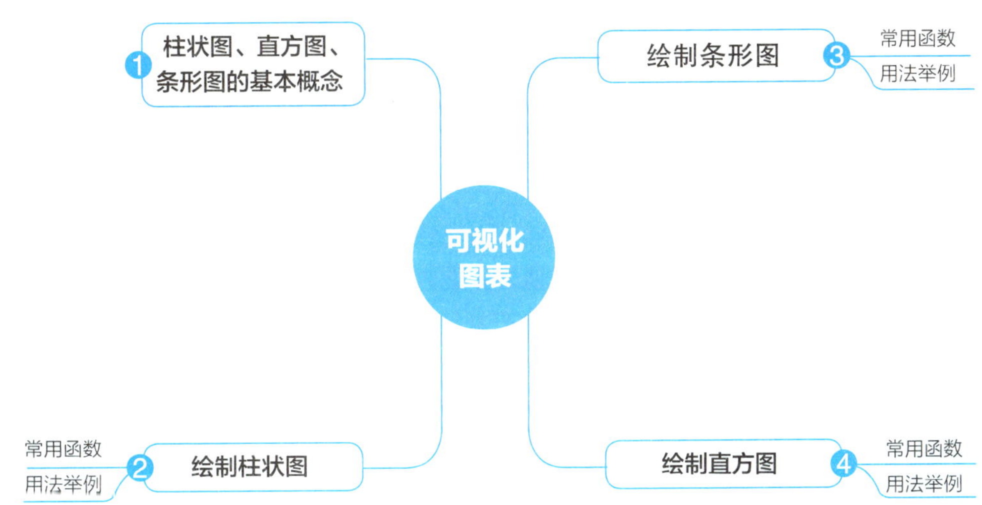

笔记

本章导读

数据分析中经常提及维度。维度是观察数据的角度和对数据的描述。可以说地区是一种维度，这个维度包含上海、北京这些城市。也可以认为销售额是一个维度，里面有各类销售数据。

维度可以用时间、数值表示，也可以用文本表示，文本常作为类别。数据分析的本质是各种维度的组合，我想了解和分析全国各地的销售额，就需要将地区维度和销售维度结合，如果想知道各个年份的变化，那么再加入时间维度。

维度主要是三大类数据结构：文本、时间、数值。地区的上海、北京就是文本维度（也可以称为类别维度），销售额度就是数值维度，时间更容易理解。不同图表有维度使用限制。维度可以互相转换，比如年龄原本是数值型的维度，但是可以通过对年龄的划分，将其分类为小孩、青年、老年三个年龄段，此时就转换为文本维度，具体情况按照分析场景使用，接下来介绍通过维度将数据可视化的主要可视化图表。

5.1 柱状图、直方图、条形图的基本概念

柱状图、直方图、条形图这三种图形在实际应用中很常见，它们之间非常相似，但是在各类参考书中或互联网上并没有系统解释它们之间区别的资料。下面分别介绍基本概念并给出实例进行说明。

1. 柱状图

柱状图比较简单。柱状图的 X 轴为分类数据，并且它的柱没有次序，可以根据具体情况有多种排列方法。柱状图的 Y 轴表示其柱所代表的数据值的大小。这些柱之间有间隔，并且柱的宽度一致。

柱状图的典型绘制图形如图 5-1 所示。

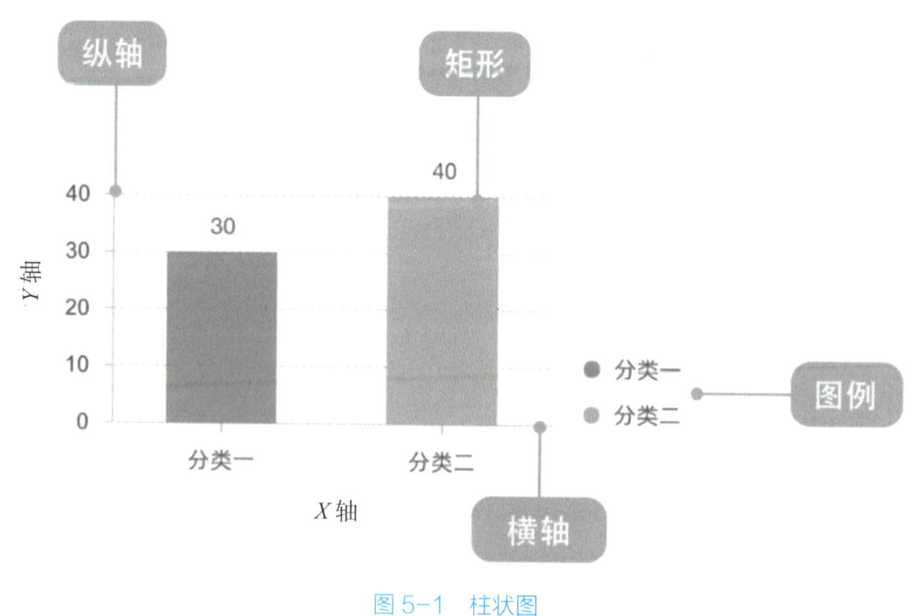

图 5-1　柱状图

2. 直方图

直方图（Histogram）与柱状图都是数据分析中常见、常用的图表，由于两者外观上看起来非常相似，因此难免造成混淆。直方图的典型图形如图 5-2 所示。

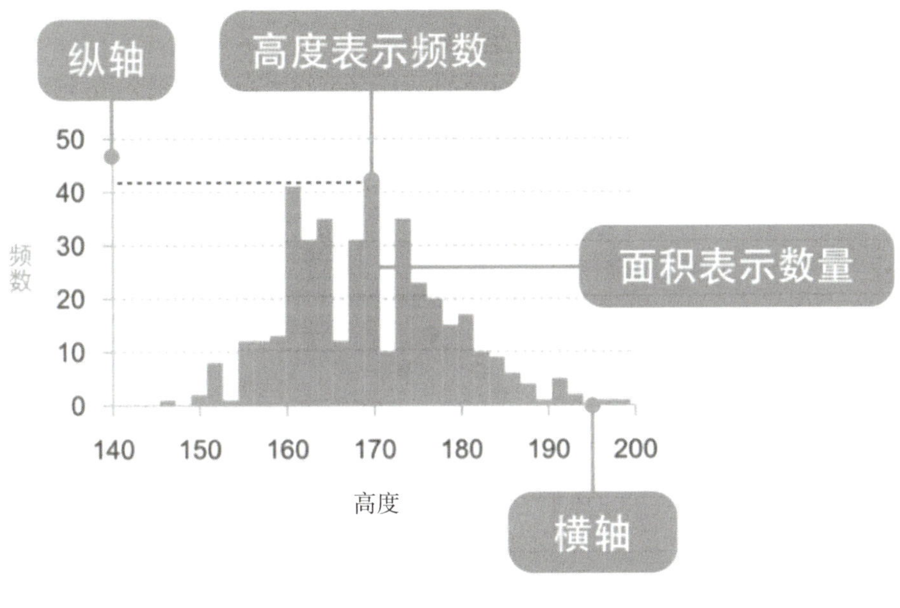

图 5-2　直方图

直方图的形状类似柱状图，却有着与柱状图完全不同的含义。直方图涉及统计学概念，首先要对数据进行分组，然后统计每个分组内数据元的数量。在平面直角坐标系中，横轴标出每个组的端点，纵轴表示频数，每个矩形的高代表对应的频数，这样的统计图称为频数分布直方图。

频数分布直方图需要经过频数乘以组距的计算过程才能得出每个分组的数量，同一个直方图的组距是一个固定不变的值，所以如果直接用纵轴表示数量，每个矩形的高代表对应的数据元数量，既能保持分布状态不变，又能直观地看出每个分组的数量。

通过直方图还可以观察和估计哪些数据比较集中，异常或者孤立的数据分布在何处。

下面是几个基本概念。

（1）组数：在统计数据时，我们把数据按照不同的范围分成几个组，分成的组的个数称为组数。

（2）组距：每一组两个端点的差。

（3）频数：分组内数据元的数量除以组距。

3. 条形图

条形图其实就是柱状图中的柱状变成横向来绘制。

条形图和柱状图表达的数据的形式基本相同，不过二者还是有区别的。

（1）条形图由于是横向的，所以更适合用于一些类别名称比较长的数据，这样就可以显示完整，柱状图会因为太长而变成 45° 显示，或是省略部分内容。

（2）条形图可以做成横向的旋风图，这样看起来很漂亮，也比较直观。柱状图则不行。

（3）柱状图可以与折线图配合坐标轴，做成复合型图表，条形图想实现该效果比较

笔记

费力。

（4）条形图和柱状图能够表达的内容差不多，可以根据放置图表的区域形状选择使用哪种图美观、合适。

总之，一般来说，反应数据分布特征的用柱形图，而用数量观察各种信息大小的用条形图。柱形图还可以用来表示同一件事物在不同时间的变化情况。

条形图和直方图的区别是：

（1）条形图是用条形的长度表示各类别频数的多少，其宽度（表示类别）是固定的；直方图是用面积表示各组频数的多少，矩形的高度表示每一组的频数或频率，宽度表示各组的组距，因此其高度与宽度均有意义。

（2）由于分组数据具有连续性，直方图的各矩形通常是连续排列，而条形图则是分开排列。

（3）条形图主要用于展示分类数据，而直方图则主要用于展示数据型数据。

柱状图和直方图是两种非常类似的统计图，区别在于：

（1）直方图展示数据的分布，柱状图比较数据的大小

直方图的 *X* 轴为定量数据，柱状图的 *X* 轴为分类数据。因此，直方图上的每个条形都是不可移动的，*X* 轴上的区间是连续的、固定的。而柱状图上的每个条形是可以随意排序的，有时需要按照分类数据的名称排列，有时则需要按照数值的大小排列。

（2）直方图柱子无间隔，柱状图条形有间隔

直方图的条形宽度可不一，柱状图的条形宽度须一致。柱状图条形的宽度因为没有数值含义，所以宽度必须一致。但是，在直方图中，条形的宽度代表了区间的长度，根据区间的不同，条形的宽度可以不同，但理论上应为单位长度的倍数。

5.2 绘制柱状图

5.2.1 常用函数

绘制柱状图、直方图、条形图这三种图形只要调用 matplotlib 模块就可以轻松实现。由于柱状图的绘制比较简单，本节将给出大量实例说明各种不同柱状图的实现方法。

bar() 是生成柱状图的函数，语法如下：

```
    matplotlib.pyplot.bar(left, height, alpha=1, width=0.8, bottom=None, color=,
edgecolor=, label=, lw=3)
```

其中的参数含义如下。

（1）left：*X* 轴的位置序列，一般采用 range() 函数产生一个序列，但是有时候可以是字符串。

（2）height：*Y* 轴的数值序列，也就是柱形图的高度，一般是我们需要展示的数据。

（3）alpha：透明度，该值越小，越透明。

（4）width：柱形图的宽度，一般为 0.8 即可。

（5）bottom：柱形图底部大小。

（6）color 或 facecolor：柱形图填充的颜色。

（7）edgecolor：图形边缘颜色。

（8）label：解释每个图像代表的含义，这个参数是为 legend() 函数做铺垫的，表示该次 bar 的标签。

（9）linewidth 或 linewidths 或 lw：线宽或边缘。

事实上，left、height、width、bottom 这四个参数确定了柱体的位置和大小。默认情况下，left 为柱体居中时的位置。

5.2.2 用法举例

每个实例都是柱状图的属性用法说明，先举一个最简单的柱状图绘制的例子。

【例 5-1】绘制基本柱状图。

具体程序为：

```
import matplotlib.pyplot as plt

data = [5, 20, 15, 25, 10] # 每个柱的高度值
plt.bar(range(len(data)), data)# 生成柱状图的函数 bar()

plt.show()
```

程序的运行结果如图 5-3 所示。

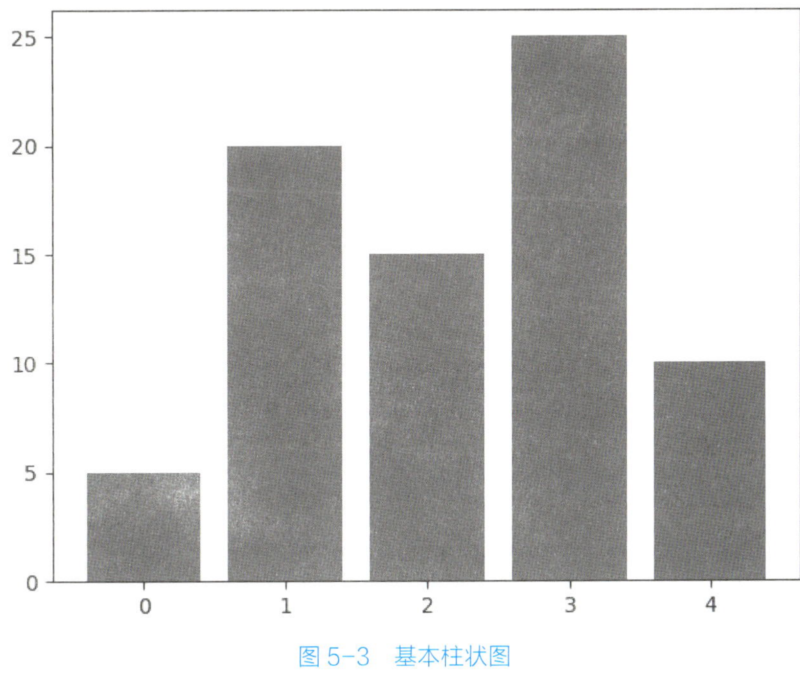

图 5-3　基本柱状图

笔记

【例 5-2】改变 bottom 的值。

具体程序为：

```
import matplotlib.pyplot as plt

data = [5, 20, 15, 25, 10]

plt.bar([0.3, 1.7, 4, 6, 7], data, width=0.6, bottom=[10, 0, 5, 0, 5])
plt.show()
```

观察该程序的运行结果图形可以看出，在该程序中，left=[0.3, 1.7, 4, 6, 7]，它设置了每个柱中心点横坐标的位置，比如容易看出图中第 4 个柱的中心点横坐标对应的值就是 6；而 bottom=[10, 0, 5, 0, 5] 设置的是柱的下边缘所在的纵坐标的位置，比如图中第一个柱的下边缘对齐纵坐标为 10 的位置。所以，图形的效果如图 5-4 所示。

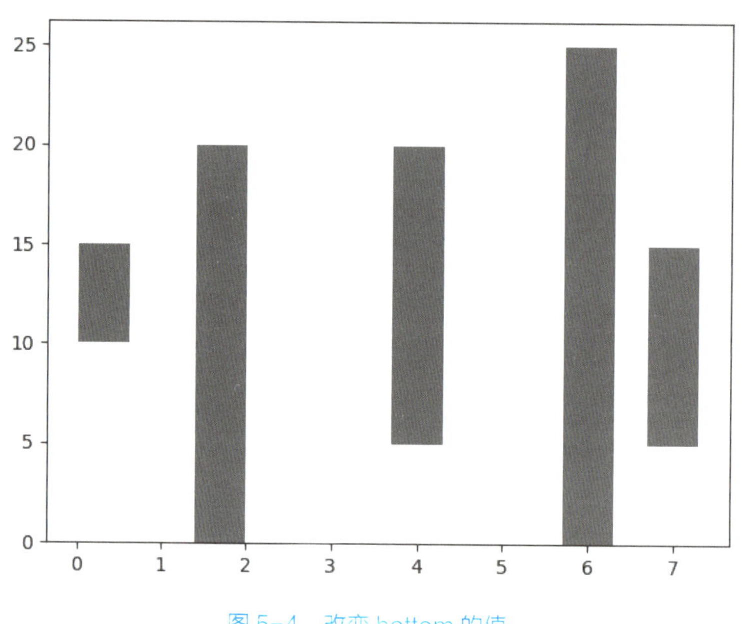

图 5-4　改变 bottom 的值

bar() 函数实现的效果有好多种，包括基本的柱状图、堆叠柱状图、并列柱状图、条形图以及柱状图的各种样式设置。

【例 5-3】设置柱状图的透明度、颜色、边缘线的颜色、标签、边缘线的宽度，并且给出坐标轴的名称，以及该柱状图的标题，生成图形的图例。

具体程序为：

```
import pandas as pd
import numpy as np
import matplotlib.pyplot as plt

y = range(1,17)
```

```
    plt.bar(np.arange(16), y, alpha=0.5, width=0.3, color='yellow', edgecolor='red',
label='Bar1', lw=3)
    plt.bar(np.arange(16)+0.4, y, alpha=0.2, width=0.3, color='green',
edgecolor='blue', label='Bar2', lw=3)
    plt.xlabel('X Axis', fontsize=15)
    plt.ylabel('Y Axis', fontsize=15)
    plt.title('My Bar', fontsize=15)
    #fontsize 可以控制字体大小
    plt.legend(loc='upper left')
    plt.show()
```

程序运行结果如图 5-5 所示。

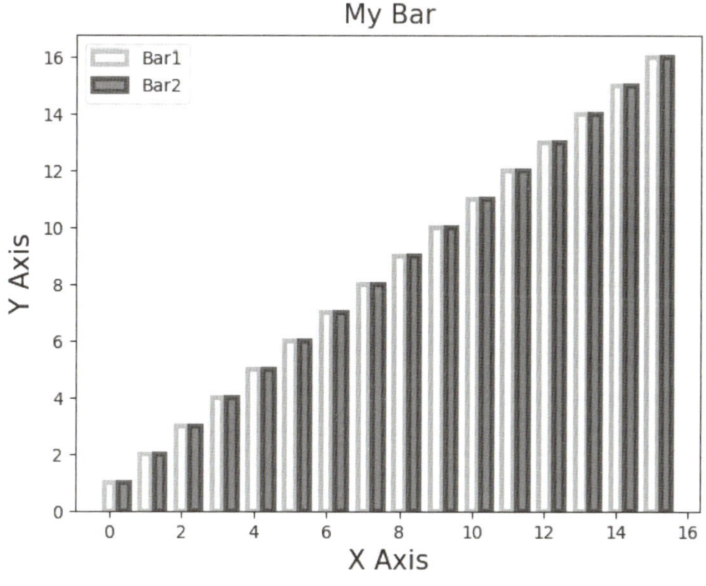

图 5-5　设置其他属性

【例 5-4】将 X 轴的刻度设置为自定义的字符串。

具体程序为：

```
    import matplotlib.pyplot as plt

    x = ['a', 'b', 'd', 'c']
    y = [1, 2, 3, 4]

    plt.bar(x, y, alpha=0.5, width=0.3, color='yellow', edgecolor='red', label='
Bar1', lw=3)
    plt.legend(loc='best')

    plt.show()
```

笔记

在程序中将 x 值设置为 ['a', 'b', 'd', 'c']，这些值可以是自己根据需要设置的，非常灵活好用。程序运行结果如图 5-6 所示。

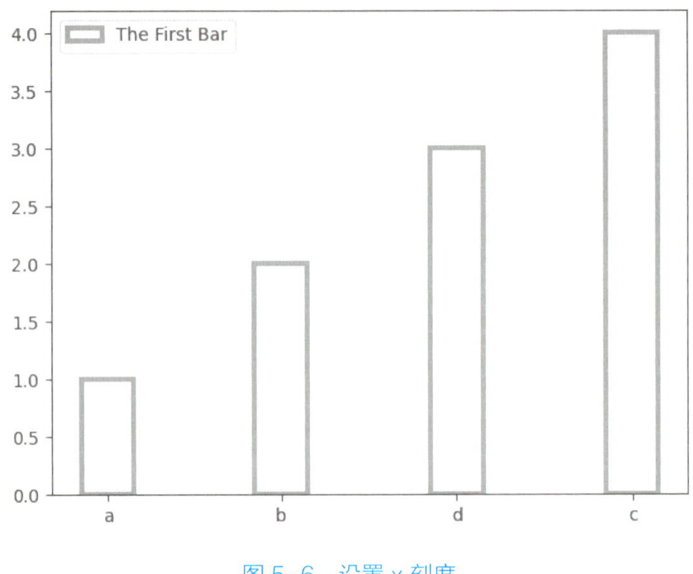

图 5-6　设置 x 刻度

如果 *X* 轴的标签有点长，会导致在横坐标的位置显示的效果不好，各个标签之间可能会重叠，影响阅读，那么可以将标签设置为倾斜的，使用 plt.xticks() 就可以做到这一点。

【例 5-5】 设置倾斜的 *X* 轴刻度标签。

具体程序为：

```
import numpy as np
import matplotlib as mpl
mpl.rcParams['font.sans-serif']=['SimHei']

import matplotlib.pyplot as plt

x = []
y = []

x = ['c', 'a', 'd', 'b']
y = [1, 2, 3, 4]
#plt.figure(figsize=(40,40))
plt.bar(x, y, alpha=0.5, width=0.3, color='yellow', edgecolor='red', label='The First Bar', lw=3)
plt.legend(loc='upper left')
plt.xticks(np.arange(4), ('Tick A','Tick B', 'Tick C', 'Tick D'), rotation=30)#rotation 控制倾斜角度

plt.show()
```

在 xticks() 函数中，设置标签为 'Tick A' 'Tick B' 'Tick C' 'Tick D'，并且标签的倾斜角度参数 rotation 设置为 30°　。程序运行结果如图 5-7 所示。

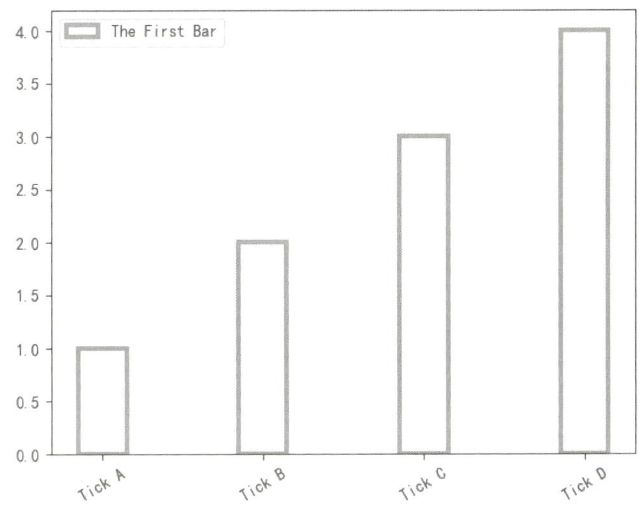

图 5-7　设置倾斜的 X 轴刻度标签

如果不想倾斜 X 轴的标签，也可以控制该轴的数值间隔，使得它足够放得下 X 轴的标签长度，所用的函数为 plt.xticks(np.arange())。同样，可以设置 Y 轴的数值间隔，灵活设置 Y 轴的刻度，所用的函数为 plt.yticks(np.arange())。

【例 5-6】控制数轴的数值间隔。

具体程序为：

```
import numpy as np
import matplotlib as mpl
mpl.rcParams['font.sans-serif']=['SimHei']

import matplotlib.pyplot as plt

x = []
y = []

x = ['c', 'a', 'd', 'b']
y = [1, 2, 3, 4]
#plt.figure(figsize=(40,40))
plt.bar(x, y, alpha=0.5, width=0.3, color='yellow', edgecolor='red', label='The
First Bar', lw=3)
plt.legend(loc='upper left')
plt.xticks(np.arange(4), ('TickA','TickB', 'TickC', 'TickD'), rotation=30)# 控制 x 轴
的数值间隔
plt.yticks(np.arange(0, 5, 0.2))# 控制 y 轴的数值间隔
plt.show()
```

笔记

在 xticks() 和 yticks() 函数中，利用 np.arange(4) 设置 X 轴或 Y 轴的数值间隔。程序运行结果如图 5-8 所示。

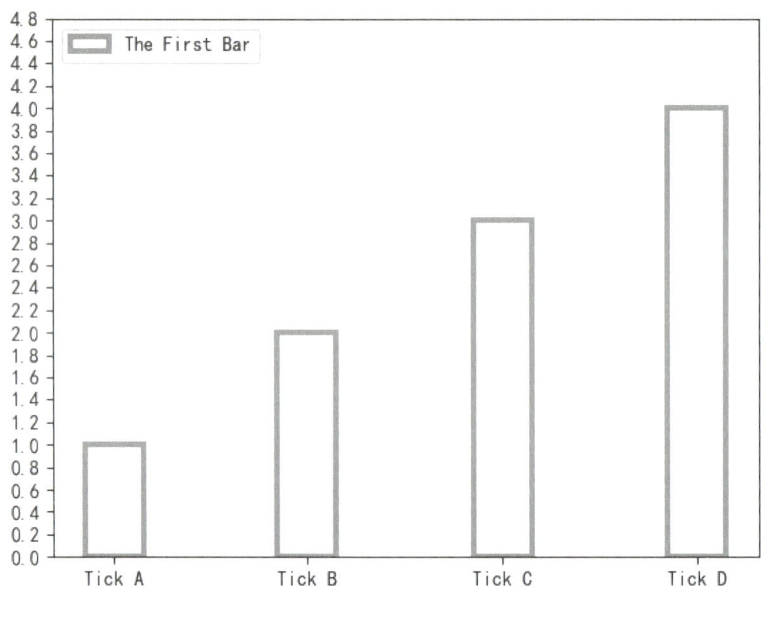

图 5-8　控制数轴的数值间隔

这样便使得 X 轴能够放得下标签，而且 Y 轴的刻度是密集的，可以刻画得更精细。

【例 5-7】在柱状图中添加其他属性。

当然，也可以在程序中加上 label 和 title，如果遇到 title 越出画布的，可以使用 plt.figure(figsize=()) 适当调整 figsize 的大小，利用 plt.savefig(' 图片名称 .png') 可以保存图片。并且也可以将图形框的四条边去掉，或者将坐标轴线宽加粗，还可以利用 plt.text() 函数在柱状图顶部添加文字。

具体程序为：

```
import numpy as np
import matplotlib as mpl
mpl.rcParams['font.sans-serif']=['SimHei']

import matplotlib.pyplot as plt

x = ['c', 'a', 'd', 'b']
y = [1, 2, 3, 4]
# 调整画布尺寸
#plt.figure(figsize=(25,35))
ax = plt.subplot(1,1,1)
ax.spines['bottom'].set_linewidth(5)
ax.spines['left'].set_linewidth(5)
ax.spines['top'].set_visible(False)
```

笔记

```
ax.spines['right'].set_visible(False)

plt.bar(x, y, alpha=0.5, width=0.3, color='blue', edgecolor='red', label='Bar1',
lw=3)
# 在每个柱状图顶部添加文字
for a, b in zip(x, y):
    plt.text(a, b + 0.05, '%.0f' % b, ha='center', va='bottom', fontsize=10)

plt.legend(loc='upper left')
plt.xticks(np.arange(4), ('Tick A','Tick B', 'Tick C', 'Tick D'))
plt.yticks(np.arange(0, 5, 0.4))

#fontsize 控制 label 和 title 字体大小
plt.ylabel('Missing Rate(%)', fontsize=10)
plt.title('Missing Rate Of Attributes', fontsize=10)
plt.xlabel('Attr Miss Rate', fontsize=10)

# 调整轴上数值字体大小
plt.tick_params(axis='both', labelsize=15)
# 保存图像
plt.savefig('Figure_7.png')
plt.show()
```

程序运行结果如图 5-9 所示。

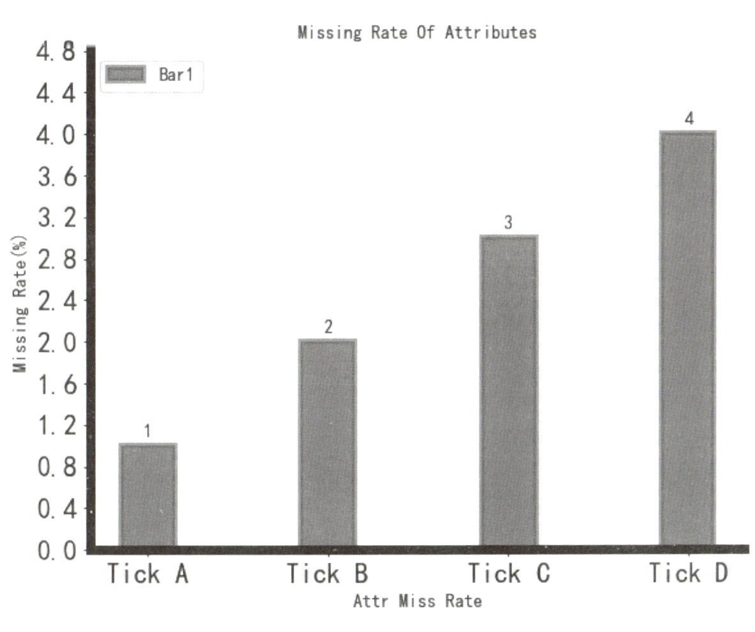

图 5-9　在柱状图中添加其他属性

笔记

【例 5-8】给不同的柱形设置不同颜色，并给它填充其他样式。

可以通过 color 关键字参数一次性给不同柱形设置多个颜色，并且使用 hatch 属性给柱形中的颜色加上样式。这些属性的设置都在函数 bar() 中完成。

这些设置可以通过一个简单程序给出用法，具体程序为：

```
import matplotlib.pyplot as plt

data = [5, 20, 15, 25, 10]
# 也可以在 bar() 函数中加入属性 hatch='+'
# 可以取值为 /, \, |, -, +, x, o, O, ., *
plt.bar(range(len(data)), data, color=['r', 'g', 'b'])
plt.savefig('Figure_8.png')

plt.show()
```

程序运行结果如图 5-10 所示。

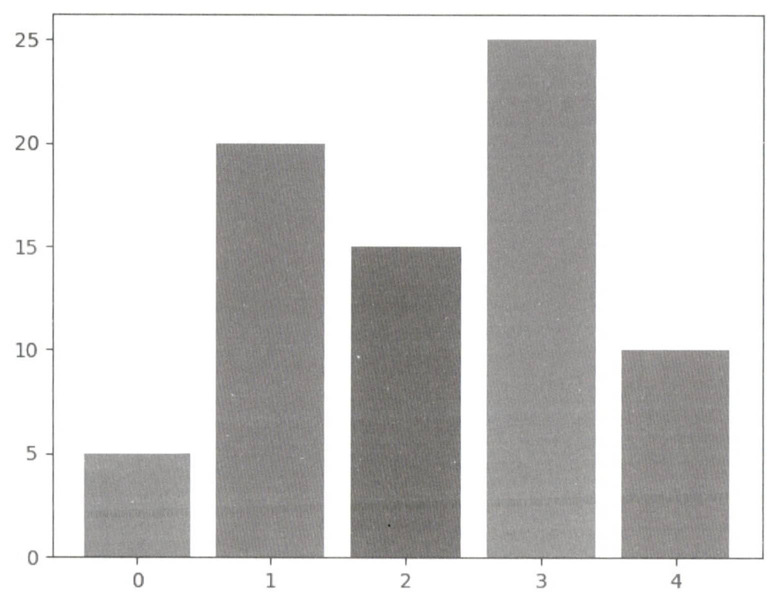

图 5-10　给不同的柱形设置不同样式

【例 5-9】绘制堆叠柱状图。

通过 bottom 参数，可以绘制堆叠柱状图，具体程序为：

```
import numpy as np
import matplotlib.pyplot as plt

size = 5
x = np.arange(size)
a = np.random.random(size)
```

笔记

```
b = np.random.random(size)

plt.bar(x, a, label='a')
plt.bar(x, b, bottom=a, label='b')
plt.legend()
plt.show()
```

bottom 参数的设置也是在函数 bar() 中进行的，它将每一个柱分为上下两段生成，并且自动设置为不同的颜色。当然，这些颜色都可以以前面例子中的方法单独设置，其设置方法非常简单。程序运行结果如图 5-11 所示。

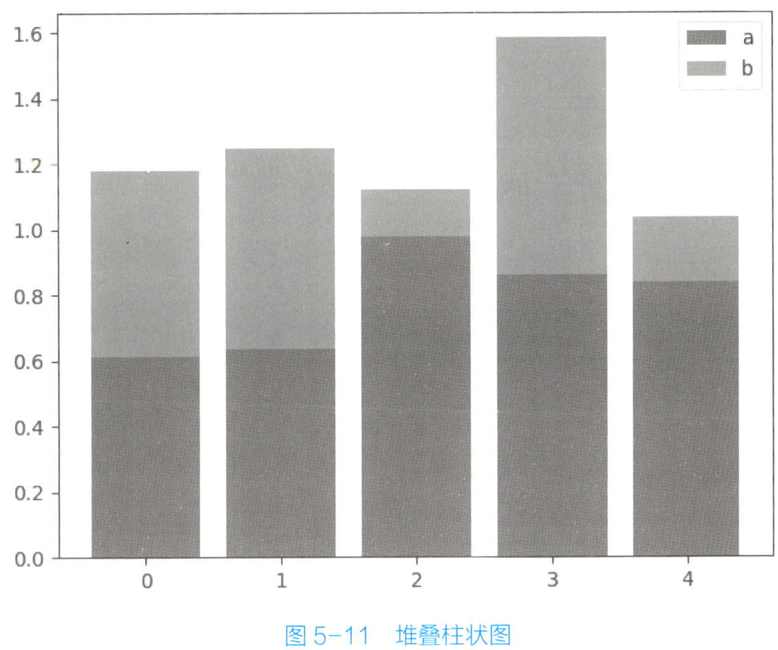

图 5-11　堆叠柱状图

绘制并列柱状图与堆叠柱状图类似，都是绘制多组柱体，只控制好每组柱体的位置和大小即可。

【例 5-10】绘制并列柱状图。

需要几个柱状并列在一起，就写几个 bar() 函数，并且给好对应的 x 位置就可以了，具体程序为：

```
import numpy as np
import matplotlib.pyplot as plt

size = 5
x = np.arange(size)
a = np.random.random(size)
b = np.random.random(size)
c = np.random.random(size)
```

笔记

```
total_width, n = 0.8, 3
width = total_width / n
x = x - (total_width - width) / 2

plt.bar(x, a, width=width, label='a')
plt.bar(x + width, b, width=width, label='b')
plt.bar(x + 2 * width, c, width=width, label='c')
plt.legend()
plt.show()
```

程序运行结果如图 5-12 所示。

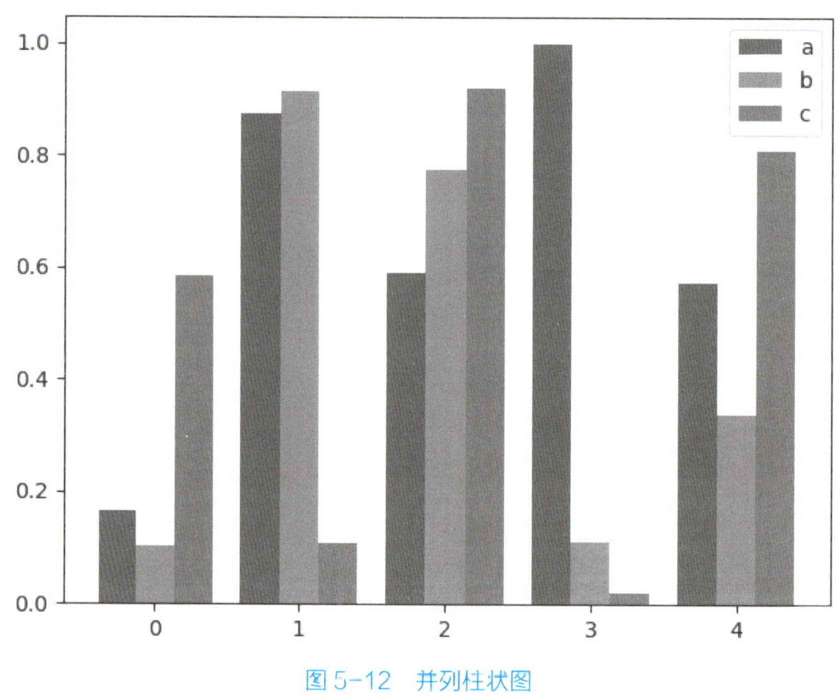

图 5-12　并列柱状图

5.3 绘制条形图

5.3.1 常用函数

如前所述，条形图与柱状图没有太多的区别，并且二者的画法也基本一致，可以用 barh() 函数实现，也可以用 bar() 函数实现，用 bar() 实现时只在函数中加上一个参数 orientation 并令其值为 'horizont' 就可以了。所以，下面两种写法都是可行的，但是本节主要展示 barh() 的用法。

```
plt.bar(left=0, bottom=index, width=y, height=0.5, color='red', orientation='horizontal')
```

或者：

```
plt.barh(left=0, bottom=index, width=y, height=0.5,color='red')
```

笔记

5.3.2 用法举例

每个实例都是条形图的属性用法说明。

【例 5-11】 绘制简单的条形图。

基本条形图与柱状图差别不大，将例 5-10 中的程序稍加改动，就是条形图的绘制方法，其他柱状图的例子都可以通过简单修改变为条形图，具体程序为：

```
import numpy as np
import matplotlib.pyplot as plt

size = 5
x = np.arange(size)
a = np.random.random(size)
b = np.random.random(size)
c = np.random.random(size)

total_width, n = 0.8, 3
width = total_width / n
x = x - (total_width - width) / 2
# 在此将原 bar() 中的参数 width 相应改为 height
plt.barh(x, a, height=width, label='a')
plt.barh(x + width, b, height=width, label='b')
plt.barh(x + 2 * width, c, height=width, label='c')

plt.legend()
plt.show()
```

程序运行结果如图 5-13 所示。

笔记

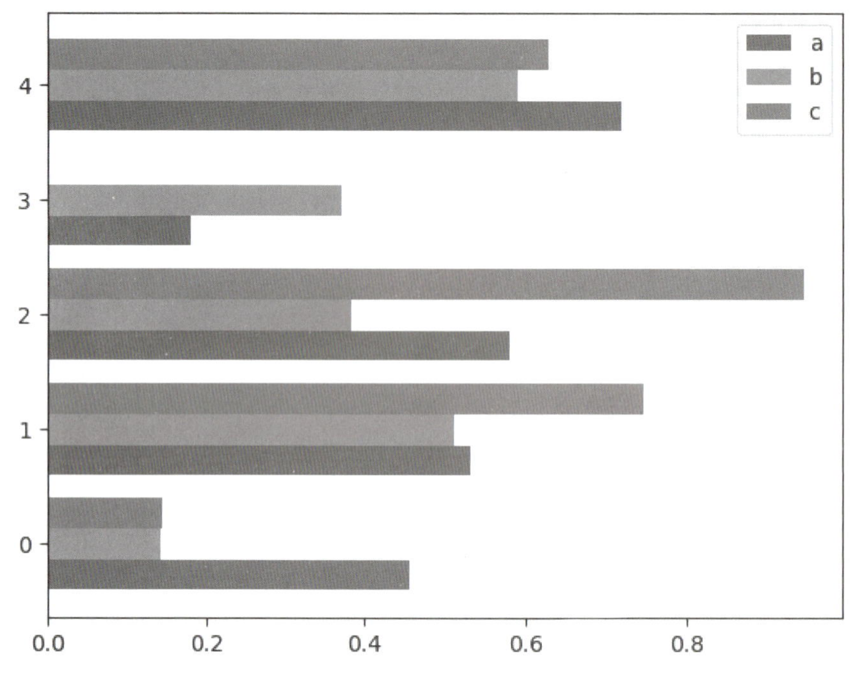

图 5-13　简单的条形图

柱状图和条形图基本可以互通使用，也可以利用 barh() 轻松实现堆叠条形图，其他与柱状图同类型的条形图都是这样的原理。

【例 5-12】 绘制堆叠条形图。

将 5 个条形堆叠在一起，先生成 5 个随机数组成的值，然后将这 5 个图形堆叠在一起，并用 barh() 生成横向的条形图。具体程序为：

```
import numpy as np
import matplotlib.pyplot as plt

y1=np.linspace(50.0,100.0,25)
y2=np.linspace(10.0,25.0,25)
y3=np.linspace(25.0,55.0,25)
y4=np.linspace(10.0,20.0,25)
y5=np.linspace(45.0,70.0,25)
labels = ['Type-A', 'Type-B', 'Type-C', 'Type-D', 'Type-E', 'Type-F', 'Type-H',
          'Type-I', 'Type-J', 'Type-K', 'Type-L', 'Type-M',  'Type-N', 'Type-O',
          'Type-P',  'Type-Q', 'Type-R', 'Type-S', 'Type-T', 'Type-U', 'Type-V',
          'Type-W', 'Type-X', 'Type-Y', 'Type-Z']

plt.barh(labels, y1, color='green', label='Incorrect label')
plt.barh(labels, y2, left=y1, color='red', label='Occlusion')
plt.barh(labels, y3, left=y1+y2, color='blue', label='O_mislocalization')
```

笔记

```
plt.barh(labels, y4, left=y1+y2+y3, color='yellow', label='H_mislocalization')
plt.barh(labels, y5, left=y1+y2+y3+y4, color='black', label='Background')

plt.title("Error Analysis")          # 图片标题
plt.xlabel("Percent")                #x 轴标题
plt.legend(loc='best')               # 图例的显示位置设置
plt.savefig("Error Analysis.png", bbox_inches='tight')
                                     # 保存图片命令一定要放在 plt.show() 前面
plt.show()
```

程序运行结果如图 5-14 所示。

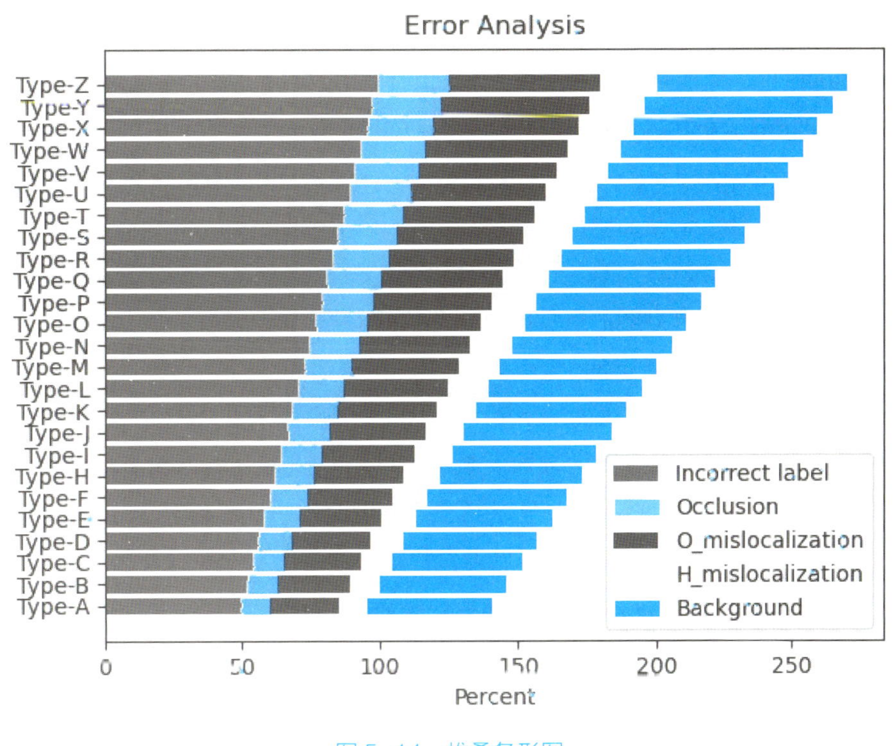

图 5-14　堆叠条形图

5.4 绘制直方图

5.4.1 常用函数

直方图可用于表示分布情况，通过图形的形状，就可以快速判断数据是否近似服从正态分布。之所以我们很关心数据的分布，是因为在统计学中，很多假设条件都会包括正态分布，故使用直方图定性地判定数据的分布情况尤其显得重要。还可以通过直方图观察和估计哪些数据比较集中，异常或者孤立的数据分布在何处。

笔记

直方图是一种统计报告图，形式上也是一个个长条形，但是直方图用长条形的面积表示频数，所以长条形的长度表示频数组距，宽度表示组距，其长度和宽度均有意义。当宽度相同时，一般就用长条形的长度表示频数。

直方图一般用来描述等距数据。柱状图一般用来描述名称（类别）数据或顺序数据。直观上，直方图各个长条形是衔接在一起的，表示数据间的数学关系；条形图各长条形之间留有空隙，以区分不同的类。直方图与条形图 / 柱状图的区别见表 5-1。

表 5-1　直方图与条形图 / 柱状图的区别

区别	直方图	条形图 / 柱状图
横轴上的数据	连续的，是一个范围	孤立的，代表一个类别
长条形之间	没有空隙	有空隙
频数的表示	一般用长条形面积表示；当宽度相同时，用长度表示	长条形的长度

在 matplotlib 中，生成直方图的函数为 hist()，该函数中包含多个参数，函数原形为：

plt.hist(x, bins=10, range=None, density=False, weights=None, cumulative=False, bottom=None, histtype='bar', align='mid', orientation='vertical', rwidth=None, log=False, color=None, label=None, stacked=False)

各参数的含义如下。

（1）x：指定要绘制直方图的数据，它也是必选参数。

（2）bins：指定直方图条形的个数，可选项，默认为 10。

（3）range：指定直方图数据的上下界，默认包含绘图数据的最大值和最小值。

（4）density：是否将直方图的频数转换成频率，可选项，默认为 0，代表不归一化，显示频数；density =1，表示归一化，显示频率。在旧版本中该参数名为 normed。

（5）weights：该参数可为每个数据点设置权重。

（6）cumulative：是否需要计算累计频数或频率。

（7）bottom：可以为直方图的每个条形添加基准线，默认为 0。

（8）histtype：指定直方图的类型，默认为 bar，除此之外，还有 'barstacked' 'step' 'stepfilled'。

（9）align：设置条形边界值的对齐方式，默认为 mid，还有 'left' 和 'right'。

（10）orientation：设置直方图的摆放方向，默认为垂直方向。

（11）rwidth：设置直方图条形宽度的百分比。

（12）log：是否需要对绘图数据进行 log 变换。

（13）color：设置直方图的填充色。

（14）label：设置直方图的标签，可通过 legend 展示其图例。

（15）stacked：当有多个数据时，是否需要将直方图呈堆叠摆放，默认水平摆放。

5.4.2 用法举例

每个实例都是直方图的属性用法说明。

笔记

【例 5-13】绘制直方图。

随机生成一些正态分布数据，绘制其直方图，具体程序为：

```
import matplotlib.pyplot as plt
import numpy as np
import matplotlib

# 设置 matplotlib 正常显示中文和负号
matplotlib.rcParams['font.sans-serif']=['SimHei']    # 用黑体显示中文
matplotlib.rcParams['axes.unicode_minus']=False      # 正常显示负号
# 随机生成服从正态分布的数据
data = np.random.randn(10000)

plt.hist(data, bins=40, density=False, facecolor="blue", edgecolor="black", alpha=0.7)
# 显示横轴标签
plt.xlabel("区间")
# 显示纵轴标签
plt.ylabel("频数")
# 显示图标题
plt.title("频数分布直方图")
plt.show()
```

程序运行结果如图 5-15 所示。

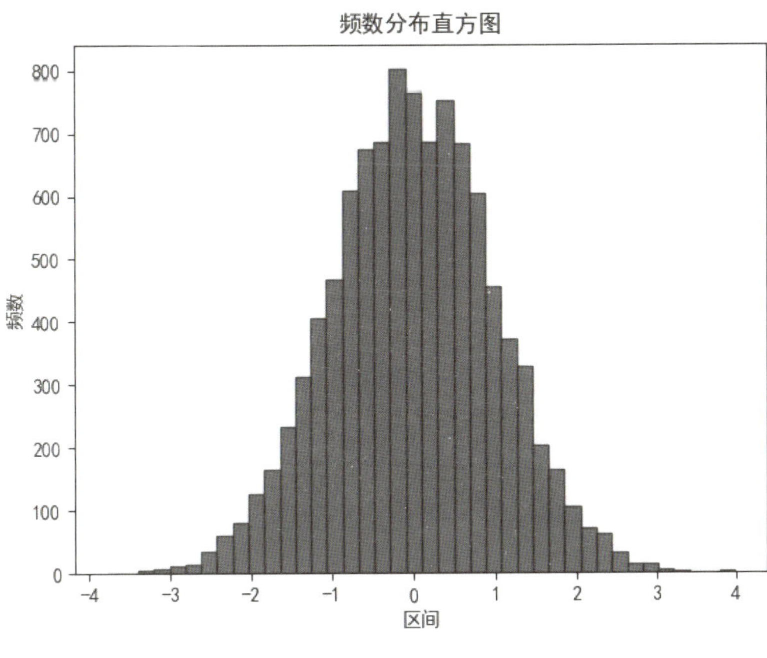

图 5-15　直方图

笔记

直方图与前面的柱状图和条形图相比，还有一个特色图形，就是可以进行曲线拟合，将每个柱进行连接，hist() 函数的第一个返回值是统计各个区间的频数，所以有了点坐标，使用 plot() 函数即可，将例 5-13 略加改动便可实现。

【例 5-14】绘制直方图并生成拟合曲线。

具体程序为：

```
import matplotlib.pyplot as plt
import numpy as np
import matplotlib

# 设置 matplotlib 正常显示中文和负号
matplotlib.rcParams['font.sans-serif']=['SimHei']        # 用黑体显示中文
matplotlib.rcParams['axes.unicode_minus']=False          # 正常显示负号
# 随机生成服从正态分布的数据
data = np.random.randn(10000)
print(data)
#hist() 函数是有返回值的
frequency_each,_,_=plt.hist(data, bins=40, density=False, facecolor="blue",
edgecolor="black", alpha=0.7)
# 显示横轴标签
plt.xlabel(" 区间 ")
# 显示纵轴标签
plt.ylabel(" 频数 ")
# 显示图标题
plt.title(" 频数分布直方图 ")
x=[i for i in np.arange(-4,4,0.2)]# 将每个柱的横坐标求出来
plt.plot(x,frequency_each)# 画折线图进行拟合
plt.show()
```

可以将每个柱的横坐标求出来，作为折线的横坐标，然后画出折线图进行拟合，程序运行结果如图 5-16 所示。

直方图也可以绘制出其累积直方图，直接用 hist() 函数中的 cumulative 参数便可实现。而累积和累计的含义有些容易混淆，其实从图 5-17 中很容易区分。

笔记

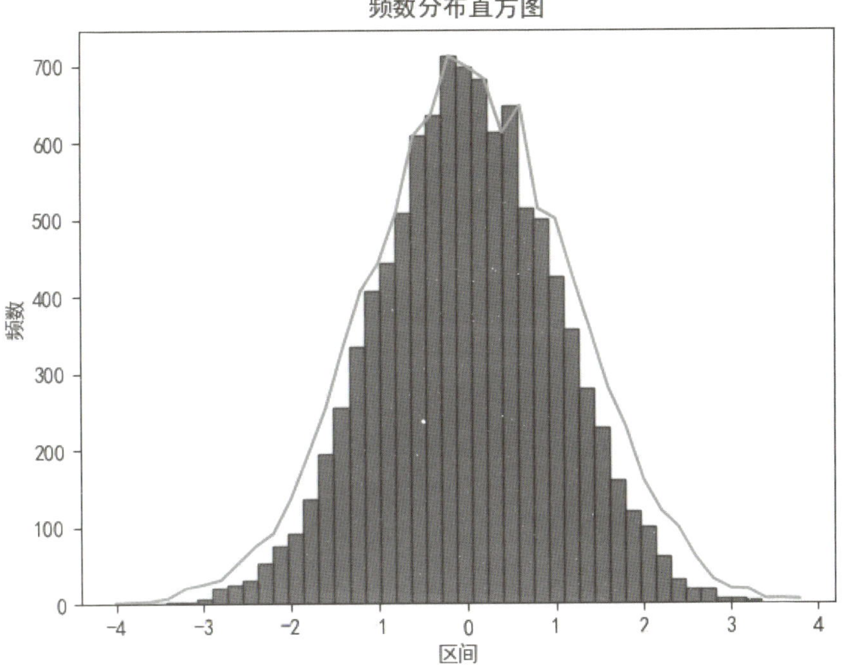

图 5-16　生成拟合曲线

数据	累计	累积
1	1	1
2	2	3
3	3	6
4	4	10
5	5	15
6	6	21
7	7	28
8	8	36
9	9	45
10	10	55
	55	

图 5-17　累积和累计的数据对比

cumulative 参数是布尔型值，默认为 False。下面通过代码看一下设置的参数不同会有怎样的结果。

如果将例 5-14 中的代码：

```
frequency_each,_,_=plt.hist(data, bins=40, density=False, facecolor="blue", edgecolor="black", alpha=0.7)
```

改为：

```
frequency_each,_,_=plt.hist(data, bins=40, density=False, facecolor="blue", edgecolor="black", alpha=0.7, cumulative=True)
```

笔记

则程序的运行结果如图 5-18 所示。

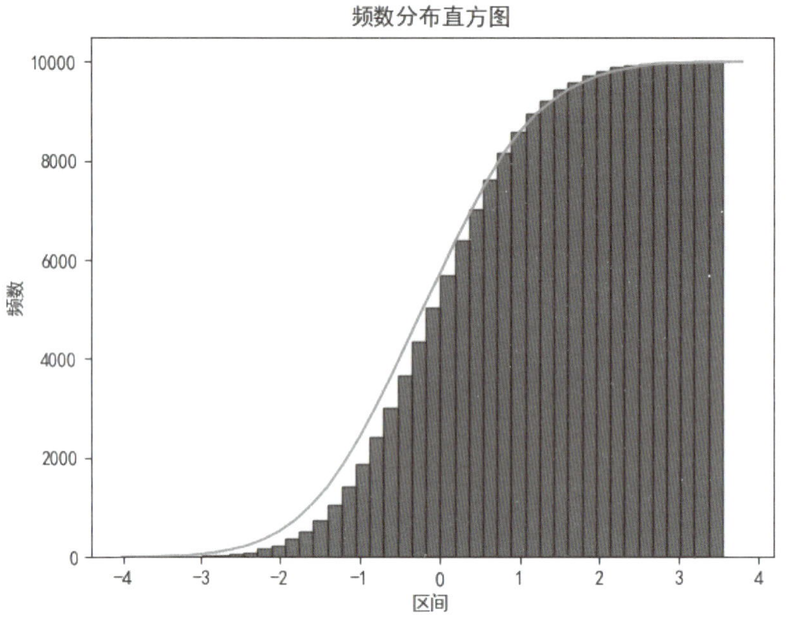

图 5-18 累积直方图

要求：实现如图 5-19 的直方图。

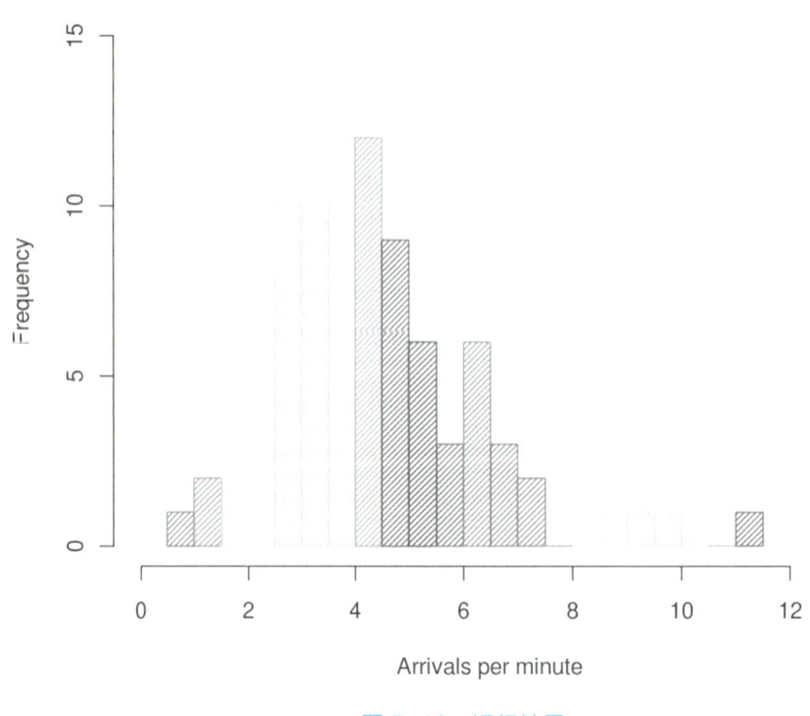

图 5-19 运行结果

第 6 章 数字图像处理

学习目标

1. 了解数字图像处理的概念。
2. 了解图像的类型。
3. 掌握图像处理的函数。

知识导图

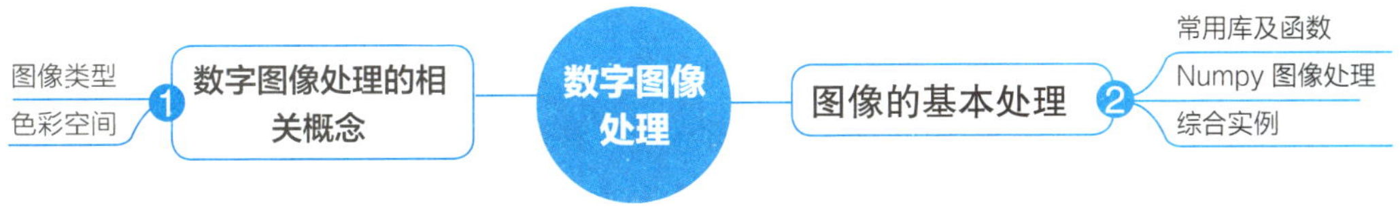

数字图像处理
- ① 数字图像处理的相关概念
  - 图像类型
  - 色彩空间
- ② 图像的基本处理
  - 常用库及函数
  - Numpy 图像处理
  - 综合实例

笔记

本章导读

数据可视化起源于图形学、计算机图形学、人工智能、科学可视化以及用户界面等领域的相互促进和发展，是当前计算机科学的一个重要研究方向，它利用计算机对抽象信息进行直观的表示，以利于快速检索信息和增强认知能力。

数据可视化要根据数据的特性，如时间信息和空间信息等，找到合适的可视化方式，例如图表（Chart）、图（Diagram）和地图（Map）等，将数据直观地展现出来，以帮助人们理解数据，同时找出包含在海量数据中的规律或者信息，我们有原始数据，通过对原始数据进行标准化、结构化的处理，把它们整理成数据表。将这些数值转换成视觉结构（包括形状、位置、尺寸、值、方向、色彩、纹理等），通过视觉的方式把它表现出来。例如，将高、中、低风险转换成红、黄、蓝色彩，将数值转换成大小，对视觉结构进行组合，把它转换成图形传递给用户。

6.1 数字图像处理的相关概念

图像能给人传达丰富的信息，是人感知外界的视觉感受，是我们表达信息的重要方式。数字图像处理就是用数字的方式对图像进行操作，其历史是在计算机多媒体技术出现之后才开始的。数字图像的常用处理方式有：图像变换、图像压缩、图像增强、图像分隔以及图像识别等，在该领域的科学研究也是在这些方面进行的。这些处理都是为了更好地让图像表达信息，每种处理方式都有相应的算法和目标。

6.1.1 图像类型

数字图像可以被定义为一个二维列表，列表中元素的索引 (x, y) 就是图像中像素的横纵坐标，元素的值就是该像素的亮度值。例如，在彩色照片中，其像素是由三个色系（红、绿、蓝）组成的，而灰白色照片中其像素只由一个颜色的亮度组成，即它的灰度值。在计算机中，数字图像可按照灰度和颜色的多少分为二值图像、灰度图像、索引图像以及 RGB 图像，一般的数字图像处理就是针对这 4 类进行的。

1. 二值图像

二值图像的像素矩阵中的元素只有 0 和 1，0 表示黑色，1 表示白色。因此，二值图像就是黑白两色的图像，通过用于线条、文字等的存储和表示。注意，它区别于通常所说的黑白照片，生活中的黑白照片中是有灰色像素的，事实上，黑白照片属于灰度图像。

二值图像可以利用数学形态学算法计算图像中各部分的结构特征，基本运算方法有腐蚀、膨胀、闭合和开启。Python 的 cv2 中提供了专门的腐蚀和膨胀函数。

腐蚀和膨胀的主要功能是消除图像中的噪声，分隔出独立的图像元素，并将相邻的元素连接起来，找到图像中的极大值或极小值区域并计算出梯度。膨胀是求出局部的最大值，使图像中的高亮区域逐渐增长。腐蚀则相反，它使图像中的高亮区域逐渐减小。

笔记

2. 灰度图像

灰度图像像素矩阵中的元素取值范围为 [0,255]，0 表示黑色，255 表示白色，中间的数值表示从黑到白的灰色。生活中见到的黑白图片都属于灰度图，但存储在计算机里的黑白照片其实有的是 RGB 图像。

3. 索引图像

索引图像的像素除了有它的像素矩阵之外，还有一个索引矩阵，这也是索引图像的由来。一般索引图像只能同时显示 256 种颜色，但通过改变索引矩阵，颜色的类型可以调整。

4. RGB 图像

RGB 图像就是日常见到的彩色图像，它的每个像素都是由三原色红、绿、蓝组合来的，都由 RGB 的三个分量表示。

6.1.2 色彩空间

彩色图像的彩色映射除了 RGB 格式之外，还有别的彩色模式，包括 HSV、CMY、CMYK、NTSC、YCbCr 以及 HIS 彩色空间。Python 的 cv2 模块提供了由 RGB 空间向 HSV 空间的转换方法。

1. RGB 色彩空间

在计算机中，显示器中的颜色由三原色红、绿、蓝组成，RGB 图像中的像素颜色也是由这三种颜色混合起来产生的。该颜色空间以这三原色组成三维元组表示一个像素，在三个方向上分别指定一个 [0, 255] 的值。RGB 模式是以光的颜色为基础产生的，因此 RGB 值越大，颜色越淡越亮，0 表示黑色，255 表示白色。

2. HSV 色彩空间

HSV 表示色调、饱和度、数值，是由调色板中颜色的直观特点创建的色彩空间，也叫六角锥体模型。

H 表示角度，取值范围是 [0, 360], 它的主色是红、绿、蓝，补色是黄、青、紫，它们的角度从红色开始依次为 0° ，120° ，240° ，60° ，180° ，300° 。

S 表示饱和度，是指颜色接近光谱色的程度。它的值越大，颜色越接近光谱色，饱和度越高，颜色越深越艳。S 的取值范围为 [0，100]。

V 表示颜色明亮的程度，即明度。V 的取值范围为 [0，100]。V 的值越大越明亮，因此 0 表示黑色，100 表示白色。

3. CMY 色彩空间

CMY 模式由青（C）、品红（M）、黄色（Y）组合而成，其图像像素也是由青、品红和黄组成三维坐标，不同于 RGB 的是，CMYK 每个色彩的取值范围是 [0, 100]。

CMY 模式是用于彩色打印中的，因此它的色彩模式以墨的颜色为基准，墨色越大，颜色越暗淡，因此 C、M、Y 值越大，越接近黑色。

笔记

6.2 图像的基本处理

Python 的数字图像处理库比较多，比较常用的有三个：OpenCV (Open Source Computer Vision Library)、Pillow/PIL(Python Imaging Library) 以及 skimage(scikit-image)。

6.2.1 常用库及函数

1. OpenCV

OpenCV 是图像处理中最常用、最强大的库之一，它是 C/C++ 开发的，在 Python 中引用时是 cv2 这个模块。

【例 6-1】 cv2 处理图像的常用函数。

cv2 中有针对图像读写的专用函数，具体程序为：

```
import cv2
import numpy as np

# 读入图片：默认彩色图
# 函数 cv2.IMREAD_GRAYSCALE 灰度图
# 函数 cv2.IMREAD_UNCHANGED 包含 alpha 通道

img = cv2.imread('hehua.png')


cv2.imshow('hehua',img)
cv2.imwrite('hehua.jpg',img)
cv2.waitKey(0)
cv2.destroyAllWindows()
```

在上面的程序中，

（1）cv2.imread() 函数：用来读取与程序同一路径下的图片 hehua.png。

（2）cv2.imshow() 函数：用来显示读取到的图片。单独执行该函数并不会显示出图像，必须与函数 cv2.waitKey(delay) 结合使用才可以。

（3）cv2.imwrite() 函数：用来将读取到的图片数据显示为另一格式的图片，第一个参数是 filename，第二个参数是要存储的图像对象。

（4）cv2.waitKey(delay)：用于延迟显示图片，参数 delay 表示延迟多少毫秒显示图片，默认值为 0。当 delay $\leqslant$ 0，可以理解为延迟无穷大毫秒。

（5）cv2.destroyAllWindows() 函数：可以释放由 OpenCV 创建的所有窗口。函数 imwrite() 用于存储图像。

将上述程序在 python IDLE 中运行后，读取并显示出来的图片如图 6-1 所示。

图 6-1　cv2 读取并显示图像

笔记

2. Pillow

PIL 也是 Python 的一个强大的图像处理库，知名度也很高，但是只支持 Python 2.7 及以下版本。Pillow 是 PIL 派生的分支，支持 Python 3.0 以上版本。安装命令为：

```
pip install pillow
```

但是使用的时候导入模块的代码为：

```
import Image
```

下面举例进行说明。

【例 6-2】 Pillow 处理图像的常用函数。

Pillow 中有针对图像读写的专用函数，具体程序为：

```
import numpy
from PIL import Image
import matplotlib.pyplot as plt

hehua = Image.open('hehua.png')
arr = numpy.array(
    hehua.getdata(), numpy.uint8).reshape(hehua.size[1], hehua.size[0], 3)

plt.imshow(arr)
plt.colorbar()
plt.show()
```

在上面的程序中，将 Pillow 与 matplotlib、numpy 模块结合使用，程序中用到的有关函数有 6 个。

（1）Image.open() 函数：用来读取图片信息。

（2）numpy.array() 函数：用于将图片转换为数组。

笔记

（3）plt.imshow() 函数：用于将读取到的数组显示为图片。如果不希望显示坐标轴，则可以使用代码 plt.axis('off')。

（4）plt.colorbar() 函数：用于显示彩色的颜色条。

（5）plt.show() 函数：用于显示彩条。

（6）hehua.show() 函数：也可以用于显示读取到的图像。

将上述程序在 Python IDLE 中运行后，读取并显示出来的图片如图 6-2 所示。

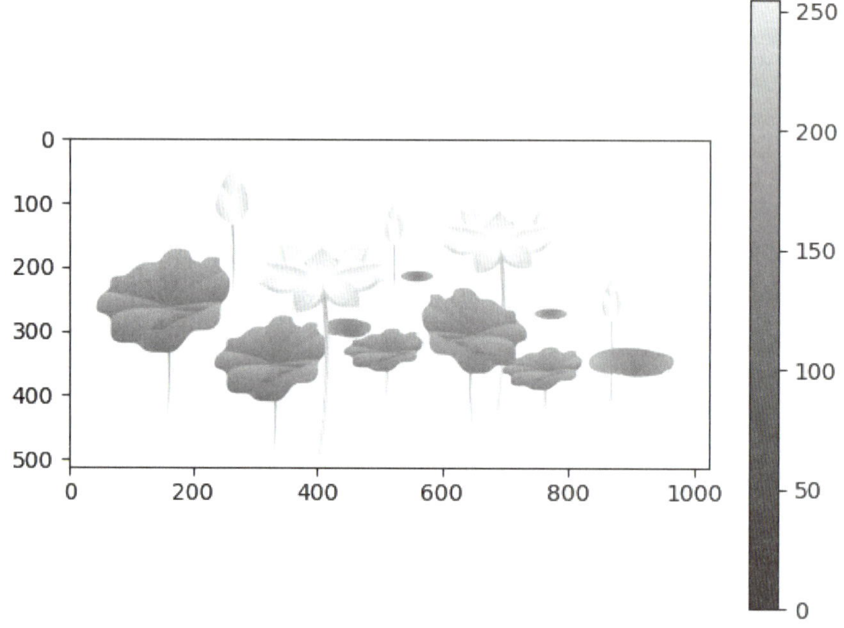

图 6-2 Pillow 读取并显示图像

3. skimage

与前两个模块类似，skimage 模块也是用于图像处理的，但是它需要事先在系统中安装此模块，由于国外网站下载速度较慢，可以用下面的命令在国内的镜像网站中下载安装：

```
pip install scikit-image -i http://pypi.douban.com/simple/ --trusted-host pypi.douban.com
```

常用的函数及格式通过下面的例子进行说明。

【例 6-3】 skimage 处理图像的常用函数。

具体程序为：

```
from skimage import io
import numpy as np

img = io.imread('hehua.png')
print(img.shape) # numpy 矩阵，(h,w,c)
print(type(img))
```

在上面的程序中，导入 skimage 的 io 模块，读取图像的函数为 io.imread()，被读入的图像以 ndarray 格式存在。与之前类似，io.imshow() 和 io.imsave() 分别用于显示和存储图像。

上述程序在 Python IDLE 中运行后，程序的执行结果如图 6-3 所示。

```
Type "help", "copyright", "credits" or "license()" for more information.
>>>
================ RESTART: D:/人文/人文/教材/大数据可视化教材/教材代码/7/
例7-3.py ================
(512, 1024, 3)
<class 'numpy.ndarray'>
>>>
                                                            Ln: 7 Col: 4
```

图 6-3　例 6-3 skimage 程序的执行结果

6.2.2 Numpy 图像处理

图像其实就是 n 维数组，本章要处理的平面图像都是二维数组，因此可用数组表示，对图像的操作就是对矩阵的操作。

对图像操作之前要先将图像加载进来。安装 Numpy 模块的时候已经同时自动安装了 SciPy 模块，SciPy 也可用于加载图像。

【例 6-4】 显示 SciPy 模块自带图像。

具体程序为：

```
import scipy.misc
import matplotlib.pyplot as plt
face = scipy.misc.face()
plt.gray()
plt.imshow(face)
plt.colorbar()
plt.show()
```

在上面的程序中，

（1）scipy.misc 模块：用于图像的读取。

（2）plt.gray()：用于将图像颜色条显示成灰度色，如果不写这句，则颜色条为彩色。

（3）plt.imshow()：用于对图像进行处理，并不显示图像。

（4）plt.colorbar()：用于显示图像的颜色条，颜色条显示图像上值的范围。

（5）plt.show()：用于显示图像。

上述程序在 Python IDLE 中运行后，程序的执行结果如图 6-4 所示。

笔记

图 6-4　例 6-4 skimage 程序的执行结果

还可以利用下面的代码打印该图像的数据信息：

```
print(face.shape)
print(face.max())
print(face.dtype)
```

上面的代码输出：

(768, 1024, 3)

255

uint8

可以看出，这个图像 768 个点宽，1024 个点高，并且是彩色 3 通道的。图像中像素的最大值为 255，每个数据都是 uint8 类型。

当然，要读取自定义图像，就不能使用 SciPy 自带的图像了，可以用 PIL 读取图像，代码如例 6-2 所示。

加载完图像，最重要的是要对它进行处理。可以对灰度图像进行处理，如果加载进来的是 RGB 通道的真实图像，也可以同样进行处理。在此，图像处理包括图像截取、翻转、压缩等，直接用 Numpy 处理，非常简单、方便。

【例 6-5】将图像转换为单通道图像。

具体程序为：

```
import numpy
from PIL import Image
import matplotlib.pyplot as plt
```

笔记

```
jiequ = Image.open('jiequ.jpg')
arr = numpy.array(
    jiequ.getdata(), numpy.uint8).reshape(jiequ.size[1], jiequ.size[0], 3)
# 显示原始图像
plt.subplot(121)
plt.imshow(arr)

# 数组切片
arr1=arr[:,:,0]
# 显示单通道图像
plt.subplot(122)
plt.imshow(arr1)
plt.show()
```

上面的程序同时显示了两幅图像：一幅是原 RGB 彩色图像；一幅是单通道图像。单通道图像是由原图像转换而来的，代码为：

```
# 数组切片
arr1=arr[:,:,0]
```

arr1=arr[:,:,0] 为数组切片，利用 Numpy 的切片功能，选取多维数组中的任意部分，比如下面的一维数组以及切片的代码运行结果：

```
>>> arr=np.array([5,1,3,2,6,4])
>>> arr[1:3]
array([1, 3])
>>> arr[:4]
array([5, 1, 3, 2])
>>> arr[3:]
array([2, 6, 4])
>>>
```

多维数组也是一样的原理，比如下面的二维数组及切片结果：

```
>>> import numpy as np
>>> arr2=np.array([[3,5,2],[2,3,1],[4,5,8]])
>>> arr2[0,:]
array([3, 5, 2])
>>> arr2[:,0]
array([3, 2, 4])
```

上述程序在 Python IDLE 中运行后，程序的执行结果如图 6-5 所示。

笔记

图 6-5　转换为单通道图像

根据上面的切片方法，可以截取图像。从原图像中截取出感兴趣的部分并显示出来。

【例 6-6】图像截取。

具体程序为：

```
import numpy
from PIL import Image
import matplotlib.pyplot as plt

jiequ = Image.open('jiequ.jpg')
arr = numpy.array(
    jiequ.getdata(), numpy.uint8).reshape(jiequ.size[1], jiequ.size[0], 3)

plt.subplot(121)
plt.imshow(arr)

# 图像截取
arr1=arr[ 0:400,0:450, : ]
plt.subplot(122)
plt.imshow(arr1)
# 查看原图像数组维度，输出结果为 (750, 500, 3)
# 是 3 通道图像，图像大小为 750 像素 *500 像素，高度为 750 像素，宽度为
500 像素
print(arr.shape)

plt.show()
```

笔记

上面的程序对原图进行了截取，截取了原图中花朵的部分，去掉了一些背景区域。与上例中的代码主要区别仅有一行，代码为：

```
# 数组切片
arr1=arr[0:400, 0:450, : ]
```

只是将原单通道的图像修改为三通道，并且只保留了数组中的一部分数据。根据原图像的大小（750, 500, 3），通过观察可以看出花朵部分在其上半部分，那么就可以将原数组切片，只保留上半部分。

上述程序在 Python IDLE 中运行后，程序的执行结果如图 6-6 所示。

图 6-6　截取出花朵部分

当然，也可以只裁剪宽度或只裁剪高度，只需要将代码相应部分进行修改：

```
# 数组切片
arr1=arr[H1 : H2, W1 : W2, : ]
```

使用数组切片的方式还可以对图像完成翻转、压缩等效果。

【例 6-7】 图像垂直翻转。

具体程序为：

```
import numpy
from PIL import Image
import matplotlib.pyplot as plt

jiequ = Image.open('jiequ.jpg')
arr = numpy.array(
    jiequ.getdata(), numpy.uint8).reshape(jiequ.size[1], jiequ.size[0], 3)
```

笔记

```
plt.subplot(121)
plt.imshow(arr)

# 图像垂直翻转
arr1=arr[ : : -1, :, : ]
plt.subplot(122)
plt.imshow(arr1)

print(arr.shape)
plt.show()
```

在上面的程序中，利用数组切片技术将原图垂直翻转，也就是说，将原图完全颠倒过来，根据数组切片原理，将图像数组的最后一行数据挪到第一行，倒数第二行挪到第二行，以此类推。程序代码为：

```
# 数组切片
arr1=arr[ : : -1, :, : ]
```

对于数组中的行来说，::-1 表示取所有行，并且步长 -1 为负数，表示以最后一个元素为起点，倒序寻找下一个数据，也就是倒序输出所有行。对于列和图像通道数量，则使用":" 来保持不变。

上述程序在 Python IDLE 中运行后，程序的执行结果如图 6-7 所示。

图 6-7　图像垂直翻转

还可以利用数组的操作进行水平翻转，对一个比较左右特征的图像进行左右翻转并观察其效果。

【例 6-8】图像水平翻转。

具体程序为：

```
import numpy
from PIL import Image
import matplotlib.pyplot as plt

cat = Image.open('cat.jpg')
arr = numpy.array(
    cat.getdata(), numpy.uint8).reshape(cat.size[1], cat.size[0], 3)

plt.subplot(121)
plt.imshow(arr)

# 图像水平翻转
arr1=arr[ :, : : -1, :]
plt.subplot(122)
plt.imshow(arr1)

print(arr.shape)
plt.show()
```

上面的程序利用数组切片技术将原图水平翻转，也就是说，将原图完全左右颠倒过来，原图中的小猫看向左边，而翻转后小猫都看向右边。

根据数组切片原理，将图像数组的最后一列数据挪到第一列，倒数第二列数据挪到第二列，以此类推，原理与垂直翻转类似。程序代码为：

```
# 数组切片
arr1= arr[ :, : : -1, : ]
```

上述程序在 Python IDLE 中运行后，程序的执行结果如图 6-8 所示。

图 6-8　图像水平翻转

笔记

当然，也可以垂直和水平同时翻转，只需要将代码改为：

```
# 数组切片
arr1= arr[ : : -1, : : -1, : ]
```

还可以调节图像的亮度，达到明暗不同的效果。

【例 6-9】使图像变暗。

具体程序为：

```
import numpy
from PIL import Image
import matplotlib.pyplot as plt

cat = Image.open('sea2.jpg')
arr = numpy.array(
    cat.getdata(), numpy.uint8).reshape(cat.size[1], cat.size[0], 3)

plt.subplot(221)
plt.imshow(arr)

# 调节图像亮度
arr1=arr*0.8
print(type(arr1))
plt.subplot(222)
plt.imshow(arr1.astype('uint8'))
arr2=arr*0.5
print(type(arr2))
plt.subplot(223)
plt.imshow(arr2.astype('uint8'))
arr3=arr*0.3
print(type(arr3))
plt.subplot(224)
plt.imshow(arr3.astype('uint8'))
print(arr.shape)
plt.show()
```

上面的程序对图像的亮度进行了调节，分别将亮度调为原来亮度的 0.8、0.5、0.3。

上述程序在 Python IDLE 中运行后，程序的执行结果如图 6-9 所示，调节完的三幅图像都有不同程度的变暗。

笔记

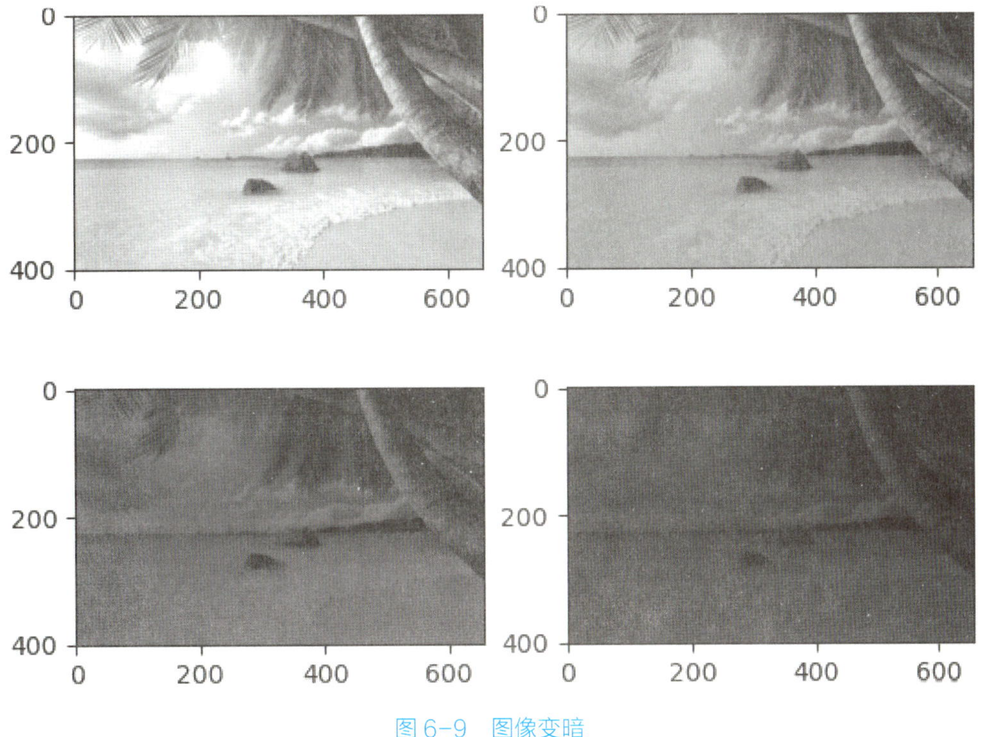

图 6-9　图像变暗

【例 6-10】使图像变亮。

具体程序为：

```
import numpy as np
from PIL import Image
import matplotlib.pyplot as plt

cat = Image.open('sea1.jpg')
arr = np.array(
    cat.getdata(), np.uint8).reshape(cat.size[1], cat.size[0], 3)

plt.subplot(221)
plt.imshow(arr)

# 调节图像亮度
arr1=arr*1.5
arr1=np.clip(arr1,a_min=None,a_max=255.)
plt.subplot(222)
plt.imshow(arr1.astype('uint8'))

arr2=arr*2.0
arr2=np.clip(arr2,a_min=None,a_max=255.)
```

笔记

```
plt.subplot(223)
plt.imshow(arr2.astype('uint8'))
arr3=arr*3.0
arr3=np.clip(arr3,a_min=None,a_max=255.)
plt.subplot(224)
plt.imshow(arr3.astype('uint8'))

plt.show()
```

在上面的程序中，图像变得更亮了，将原图像的亮度变为原来亮度的 1.5、2.0、3.0 倍。其中下列代码用于将数据范围控制在 [0,255]：

```
arr1=np.clip(arr1,a_min=None,a_max=255.)
```

上述程序在 Python IDLE 中运行后，程序的执行结果如图 6-10 所示，调节完的三幅图像都有不同程度的变亮。

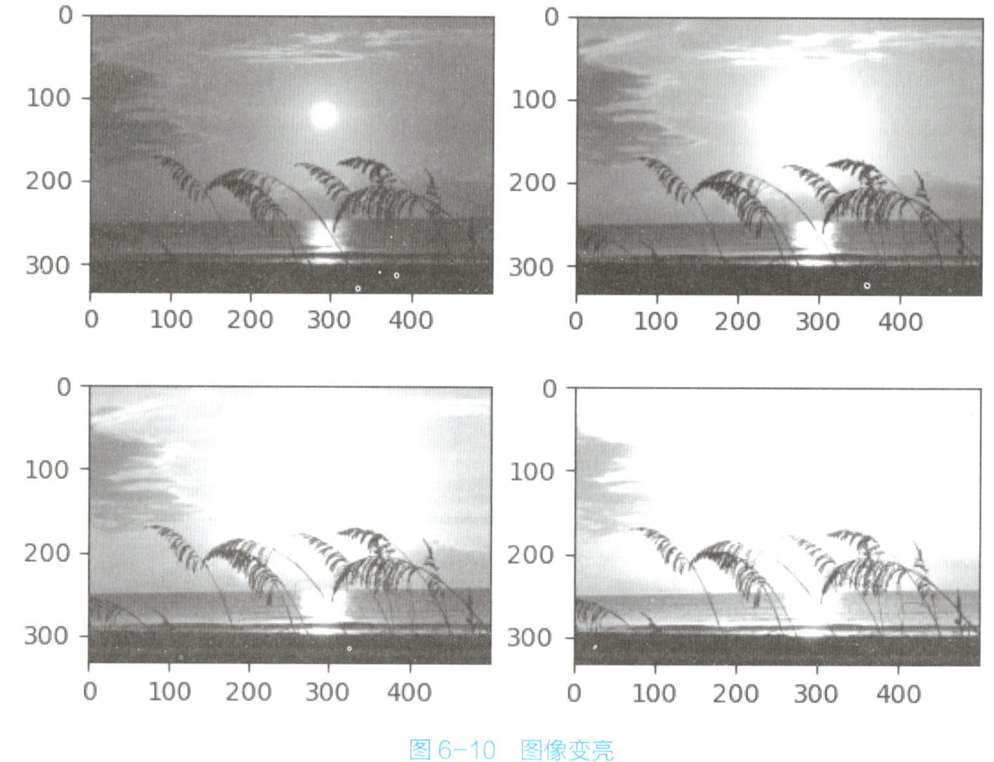

图 6-10　图像变亮

【例 6-11】图像压缩。

具体程序为：

```
import numpy as np
from PIL import Image
import matplotlib.pyplot as plt
```

笔记

```
cat = Image.open('girl.jpg')
arr = np.array(
    cat.getdata(), np.uint8).reshape(cat.size[1], cat.size[0], 3)
plt.subplot(121)
plt.imshow(arr)

# 图像压缩
arr1=arr[::5,::5,:]
plt.subplot(122)
plt.imshow(arr1)

plt.show()
```

在上面的程序中，对原图像进行间隔采样，图像的尺寸会随之变小，清晰度也会变差。

上述程序在 Python IDLE 中运行后，程序的执行结果如图 6-11 所示。可以看出，右边经过压缩的图像中，秋千两边的木柱子已经出现锯齿状，图像的清晰度变差。

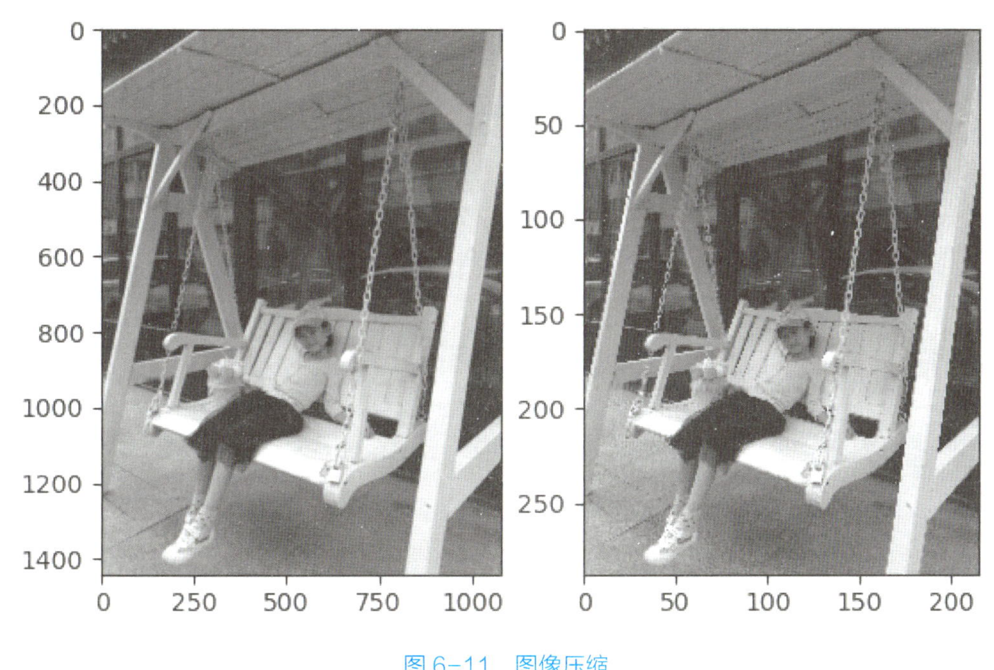

图 6-11　图像压缩

6.2.3 综合实例

【例 6-12】利用 cv2 给图像添加下雨天的效果。

在 Python 的 cv2 模块中，可以在图像中加入随机噪声，利用滤波器的方法给图像添加下雨的效果，使晴天无雨的照片变成烟雨蒙蒙的感觉。

笔记

噪声是指在图像中的多余或不需要的干扰信息。噪声会影响图像的清晰度，所以要对这些噪声进行处理。根据不同的产生原因或产生的起源可以将噪声分为不同的类型，比如随机噪声就是其中一种。随机噪声是由时间上随机产生的噪声，典型的噪声有高斯噪声和椒盐噪声等。

给照片添加下雨天的雨丝，需要将随机噪声加给图像叠加仿真的雨滴运动轨迹，形成雨丝。

首先是生成噪声，具体程序为：

```
import cv2
import numpy as np

#value 的大小控制雨滴的多少
value=200
v = value *0.01

# 输入图像
img = cv2.imread('girl.jpg')
img=cv2.resize(img,None,fx=0.4,fy=0.4)
noise = np.random.uniform(0,256,img.shape[0:2])
# 取浮点数，控制噪声水平，只保留最大的一部分作为噪声
noise[np.where(noise<(256-v))]=0

# 对噪声做初次模糊
k = np.array([ [0, 0.1, 0],
               [0.1,  8, 0.1],
               [0, 0.1, 0] ])

# 返回图像大小的模糊噪声图像
noise = cv2.filter2D(noise,-1,k)

# 显示噪声图像
cv2.imshow('img',noise)
cv2.waitKey()
cv2.destroyWindow('img')
```

程序运行后的效果如图 6-12 所示。

笔记

图 6-12　随机噪声

然后将噪声拉长，也可以将噪声拉长后旋转其方向，用于模拟雨丝不同的长度和不同的方向。程序如下：

```
# 将噪声加上运动模糊，模仿雨丝

import cv2
import numpy as np

#length：对角矩阵大小，表示雨滴的长度
length=50
#angle 是倾斜的角度，逆时针为正
angle=30
#w 表示雨滴大小
w=1

# 生成噪声
img = cv2.imread('girl.jpg')
img=cv2.resize(img,None,fx=0.4,fy=0.4)
value=200
noise = np.random.uniform(0,256,img.shape[0:2])
v = value *0.01
noise[np.where(noise<(256-v))]=0
k = np.array([ [0, 0.1, 0],
```

笔记

```
                    [0.1,  8, 0.1],
                    [0, 0.1, 0] ])
    noise = cv2.filter2D(noise,-1,k)

    #这里由于对角矩阵自带45°的倾斜，逆时针为正，所以加了-45°的误差，
#保证开始为正
    trans = cv2.getRotationMatrix2D((length/2, length/2), angle-45,
1-length/100.0)
    dig = np.diag(np.ones(length))  #生成对角矩阵
    k = cv2.warpAffine(dig, trans, (length, length))  #生成模糊核
    k = cv2.GaussianBlur(k,(w,w),0)   #高斯模糊这个旋转后的对角核，使得雨有宽度

    blurred = cv2.filter2D(noise, -1, k)    #进行滤波

    #转换到0~255区间
    cv2.normalize(blurred, blurred, 0, 255, cv2.NORM_MINMAX)
    blurred = np.array(blurred, dtype=np.uint8)

    cv2.imshow('img',blurred)
    cv2.waitKey()
    cv2.destroyWindow('img')
```

雨丝效果如图 6-13 所示。

图 6-13　雨丝效果

最后，将雨丝效果和原图像进行叠加就可以得到想要的下雨天效果了。可以利用图像加权把雨丝图与原图加在一起。因为雨丝图中背景色是黑色，所以叠加之后会使原图的亮度下降，但是可能更适合下雨天的阴暗效果。当然，如果想调节图像的亮度，可以参看上文中调整图像亮度的例子。将二者叠加的代码如下所示：

```
# 输入雨滴噪声和图像
#alpha：原图比例因子
# 显示下雨效果
#chage rain into  3-dimenis
# 将二维 rain 噪声扩张为与原图相同的三通道图像
# 将噪声加上运动模糊，模仿雨丝

import cv2
import numpy as np

#length：对角矩阵大小，表示雨滴的长度
length=50
#angle 是倾斜的角度，逆时针为正
angle=30
#w 表示雨滴大小
w=3

# 生成噪声
img = cv2.imread('girl.jpg')
img=cv2.resize(img,None,fx=0.4,fy=0.4)
value=200
noise = np.random.uniform(0,256,img.shape[0:2])
v = value *0.01
noise[np.where(noise<(256-v))]=0
k = np.array([ [0, 0.1, 0],
               [0.1,  8, 0.1],
               [0, 0.1, 0] ])
noise = cv2.filter2D(noise,-1,k)

#这里，由于对角矩阵自带 45° 的倾斜，逆时针为正，所以加了 -45° 的误差，
# 保证开始为正
trans = cv2.getRotationMatrix2D((length/2, length/2), angle-45,
1-length/100.0)
```

笔记

```
dig = np.diag(np.ones(length))  # 生成对角矩阵
k = cv2.warpAffine(dig, trans, (length, length))  # 生成模糊核
k = cv2.GaussianBlur(k,(w,w),0)  # 高斯模糊这个旋转后的对角核，使得雨有宽度

blurred = cv2.filter2D(noise, -1, k)  # 进行滤波

# 转换到 0~255 区间
cv2.normalize(blurred, blurred, 0, 255, cv2.NORM_MINMAX)
blurred = np.array(blurred, dtype=np.uint8)

alpha=0.9

rain = np.expand_dims(blurred,2)
rain = np.repeat(rain,3,2)

# 加权合成新图
result = cv2.addWeighted(img,alpha,rain,1-alpha,1)
cv2.imshow('rain_effect',result)
cv2.waitKey()
cv2.destroyWindow('rain_effect')
```

最终效果图如图 6-14 所示。

图 6-14 最终效果图

笔记

将上述程序写成函数的形式整理后，完整代码如下所示：

```
import cv2
import numpy as np

def get_noise(img,value=10):
    noise = np.random.uniform(0,256,img.shape[0:2])
    v = value *0.01
    noise[np.where(noise<(256-v))]=0
    k = np.array([ [0, 0.1, 0],
                   [0.1,  8, 0.1],
                   [0, 0.1, 0] ])
    noise = cv2.filter2D(noise,-1,k)
    return noise
def rain_blur(noise, length=10, angle=0,w=1):
    trans = cv2.getRotationMatrix2D((length/2, length/2), angle-45, 1-length/100.0)
    dig = np.diag(np.ones(length))
    k = cv2.warpAffine(dig, trans, (length, length))
    k = cv2.GaussianBlur(k,(w,w),0)
    blurred = cv2.filter2D(noise, -1, k)
    cv2.normalize(blurred, blurred, 0, 255, cv2.NORM_MINMAX)
    blurred = np.array(blurred, dtype=np.uint8)
    return blurred
def alpha_rain(rain,img,beta = 0.8):
    rain = np.expand_dims(rain,2)
    rain_effect = np.concatenate((img,rain),axis=2)
    rain_result = img.copy()
    rain = np.array(rain,dtype=np.float32)
    rain_result[:,:,0]= rain_result[:,:,0] * (255-rain[:,:,0])/255.0 + beta*rain[:,:,0]
    rain_result[:,:,1] = rain_result[:,:,1] * (255-rain[:,:,0])/255 + beta*rain[:,:,0]
    rain_result[:,:,2] = rain_result[:,:,2] * (255-rain[:,:,0])/255 + beta*rain[:,:,0]
    cv2.imshow('rain_effect_result',rain_result)
    cv2.waitKey()
    cv2.destroyAllWindows()
def add_rain(rain,img,alpha=0.9):
```

笔记

```
    rain = np.expand_dims(rain,2)
    rain = np.repeat(rain,3,2)
    result = cv2.addWeighted(img,alpha,rain,1-alpha,1)
    cv2.imshow('rain_effect',result)
    cv2.waitKey()
    cv2.destroyWindow('rain_effect')
img = cv2.imread('girl.jpg')
img=cv2.resize(img,None,fx=0.4,fy=0.4)
noise = get_noise(img,value=500)
rain = rain_blur(noise,length=50,angle=-30,w=3)
add_rain(rain,img)
```

第 7 章 可视化动画

学习目标

1. 了解动画制作的相关概念。
2. 掌握 FuncAnimation 类。
3. 掌握 ArtistAnimation 类。

知识导图

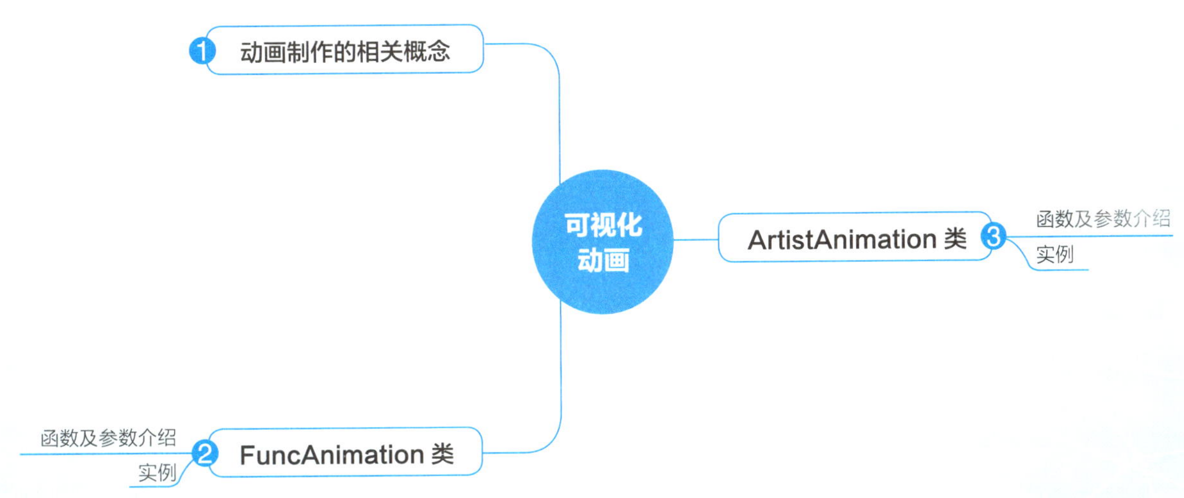

笔记 

本章导读

以往传统的数据可视化效果图都是单张，只能从这一张图中分析它的数据变化，如果想进行多组数据分析，就需要制作多个图表，而数据可视化动画效果图往往都是将多个传统的效果图关联在一起，如钻取、联动等功能，用动态可视化图表制作软件也很方便，在分析时也能更好地把握重点。数据可视化动画效果图可以在一张大数据可视化动画里表现出指定时间内的数据变化。如果用动态可视化图表制作软件，还可以将数据变化与其他因素联系起来分析，这样对于很多进行数据分析的人来说，实际上是减少了工作量，因为数据有浮动变化是非常容易被捕捉到的，大数据可视化动画更为美观，也更便于管理人员把它转换成图形传递给用户。

7.1 动画制作的相关概念

程序对数据进行处理后，如果能用动画将处理过程或处理结果显示出来，就特别容易理解程序到底是怎么执行的或在做什么。而用 Python 实现动画制作的方式有多种，但最主流的方法还是用 Matplotlib 模块实现。Matplotlib 中带有专门用于动画制作的类及方法。

从 Matplotlib v1.1 起，就已经添加了动画制作的框架，虽然该库中关于动画的函数有限，但是也可以满足正常需要。该框架中关于动画的类是 matplotlib.animation.Animation，该类的基类是 TimedAnimation，而该类的子类又有针对不同类型动画的 ArtistAnimation 以及 FuncAnimation 两个子类。生成动画后还可以保存到本地磁盘中，动画可以保存为 mp4 或者 gif 类型，这需要安装相应版本的 FFmpeg 或者 MEncoder。

使用这些类及函数可以轻松地调用其中的动画生成类来创建动画，并且可以制作一些特别有意思的动画。将数据变为动态图像展示出来，是我们研究数据科学的一种有趣的方式。相比于静态的数据及图表，人们更容易被动态的或者能够交互的画面吸引。

另外，利用以上类不仅可以创建普通动画，而且可以创建三维动画。除了这些类可以制作动画外，Pygame 中的 sprite 库也可以制作动画。制作动画的方法还有 OpenGL() 等，当然也不仅限于这些，但本章只介绍 animation 相关类及函数。

6.2.3 节的综合实例巧妙地结合散点图及动画制作实现了雨丝效果，包含前期学习的图形概念以及动画绘制技巧，实现了漂亮的图形效果，拓展了读者的知识融合度，使其对动画绘制有了具体的认识。

7.2 FuncAnimation 类

7.2.1 函数及参数介绍

FuncAnimation 类本质上是 Matplotlib 提供的绘制动画的接口。对于接口或者类来说，需要了解的参数应该是它的构造函数中的参数。FuncAnimation 类的构造方法为：

笔记

```
def__init__(self, fig, func, frames=None, init_func=None, fargs=None,
            save_count=None, interval, repeat_delay, repeat, blit, **kwargs):
```

self 就不用说了，其他参数的含义如下。

（1）fig 是 matplotlib 模块中定义的画布对象，也是前面章节中画图用的 figure，即创建的动画要在这个 figure 对象 fig 中显示。

（2）func 叫作回调函数。动画就是在特定的短时间内显示多个图形，形成的连贯视觉效果，显示的每个图形叫作一帧，若要形成动画，则每显示一帧就调用一次 func() 函数，也就是回调函数。每更新一次画面，就调用一次这个函数，所以在这个函数中更新 figure 中的数值就可以，它是动态更新 figure 的根本。

（3）frames 是上面所说的帧的取值范围，也就是画面每展示一次，就在 frames 中取一次值，frames 可以取的值有 iterable、generator 等可迭代的值，当然也可以取 int、None。只要是 frames 的值是一个可迭代的取值范围就可以，如 list 类型。

（4）init_func 用于初始化画布中的初始画面。

（5）fargs 是在 func 回调函数中附加的参数，默认值为 None。

（6）save_count 是指缓存的帧的数量，是一个整数。

（7）interval 指两帧之间的时间间隔，默认值是 200ms，单位是 ms。

（8）repeat_delay 是指当动画重复播放时，前后两次播放之间的时间延迟，单位也是 ms，取值是数。

（9）repeat 是 bool 类型的可选参数，表示当前动画重复播放与否，默认值是 True，就是会重复播放。

（10）blit 也是 bool 类型的可选参数，用于控制动画绘制的优化是否是 blitting，默认值是 False。

在这里，func 和 frames 最关键，func 每隔 interval 时间接收一次 frames 的值，一直到 frames 中所有的值迭代完毕为止。

当动画生成后，可以将它保存到本地磁盘中，保存的格式可以是 gif，也可以是 mp4。保存动画的函数为 animation.FuncAnimation.save()，该函数中的参数如下所示：

```
def save(self,
        filename,
        writer=None,
        fps=None,
        dpi=None,
        codec=None,
          bitrate=None,
          extra_args=None,
          metadata=None,
          extra_anim=None,
          savefig_kwargs=None)
```

笔记

大部分参数不再详细分析，要保存动画，最重要的参数就是 writer。如果要将动画保存为 gif 类型，程序所在的计算机中必须安装有 pillow 模块，其安装方法与其他模块一样，只在 DOS 命令行中运行 pip install pillow 命令即可。如果要将动画保存为 mp4 格式，则对应的模块为 ffmpeg，并且要在 save() 函数中将 writer 的值设定为 ffmpeg。

7.2.2 实例

利用 FuncAnimation 类绘制的动画多种多样，下面从简单到复杂进行介绍。不过，截取的图形只能是静态的二维图，真正的动态图保存在教材附带的资源中，读者可以下载观看，或者运行示例代码查看绘制的动画。

首先以绘制最常见的正弦曲线为例。

【例 7-1】绘制一个动态正弦曲线，并将该动画保存为 sinAnim.gif。

具体程序为：

```
import numpy as np
from matplotlib import pyplot as plt
from matplotlib import animation
import matplotlib

fig = plt.figure()# 生成画布对象
ax = plt.axes(xlim=(0, 2), ylim=(-2, 2))# 生成坐标系
line, = ax.plot([], [], lw=2)# 初始化线形图

def init():
    line.set_data([], [])
    return line,

def animate(i):
    #linespace( 起始值 (start), 终止值 (stop), 数量 (num))
    x = np.linspace(0, 2, 1000)
    y = np.sin(2 * np.pi * (x - 0.01 * i))
    line.set_data(x, y)
    return line,

anim = animation.FuncAnimation(fig, animate, init_func=init,frames=200,
interval=20, blit=True)
anim.save('sinAnim.gif', fps=75, writer='pillow')
plt.show()
```

在上面的程序中，首先实例化 figure 对象用于放置动画，然后在该 figure 对象上初始化坐标系，并初始化要绘制的线形图。

init() 函数用于初始化 line 曲线，animate() 函数用于返回一帧的曲线图。在 animation.FuncAnimation() 函数中，animate() 函数用于回调，每生成一帧就执行一次。每帧之间的时间间隔是 20ms，也就是说，每隔 20ms 就迭代一次 frames 所指定的整数值规定的迭代范围 [0,199] 中的一个数值。就这样循环执行，生成一个正弦动画图形。

上述程序在 Python IDLE 中运行后，所绘制的图形中的一帧如图 7-1 所示。

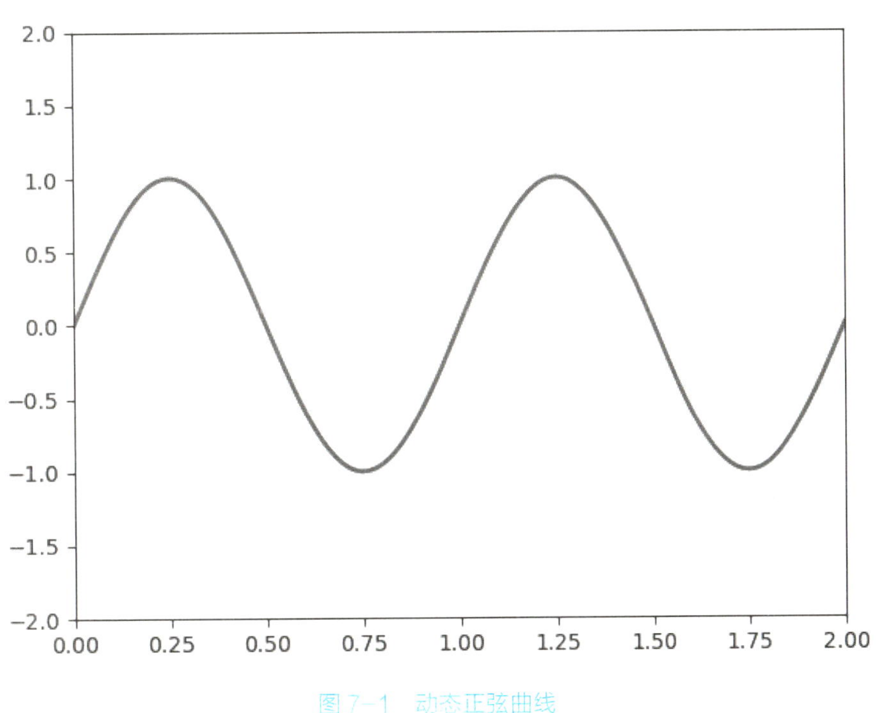

图 7-1 动态正弦曲线

除生成以上的动态线形图外，还可以使一个点或图形沿某指定线路移动，这样动画形式更加灵活、有趣。

【例 7-2】 在正弦函数图形上生成一个动态的点，该点沿着该函数图形轨迹进行移动。

具体程序为：

```
import numpy as np
import matplotlib
import matplotlib.pyplot as plt
import matplotlib.animation as animation

# 绘制普通的正弦曲线图
x = np.linspace(-2*np.pi, 2*np.pi, 100)
y = np.sin(x)

fig = plt.figure(tight_layout=True)
```

笔记

```
    plt.plot(x,y)
    plt.grid(ls="--")# 显示网格线
    # 更新数据点的位置
    def update_points(num):
        '''
        更新数据点
        '''
        point_ani.set_data(x[num], y[num])
        return point_ani,
    # 绘制数据点用来运行的正弦曲线
    x = np.linspace(-2*np.pi, 2*np.pi, 100)
    y = np.sin(x)

    fig = plt.figure(tight_layout=True)
    plt.plot(x,y)
    point_ani, = plt.plot(x[0], y[0], "ro")
    plt.grid(ls="--")
    # 开始制作动画
    ani = animation.FuncAnimation(fig, update_points, np.arange(0, 100),
interval=100, blit=True)
    # 保存动画
    # ani.save('sin_test2.gif', writer='pillow', fps=10)
    plt.show()
```

上面的程序其实绘制了两个图像，前一个是普通的正弦曲线，从函数 update_points() 开始才是绘制动画。

update_points() 函数用来生成沿曲线运行的数据点，animation.FuncAnimation() 函数用来生成动画。在生成动画的函数中反复回调 update_point() 函数，其参数 num 的值由 np.arange(0, 100) 提供。

该动画程序本质上是不停地生成 np.arange(0, 100) 范围内的数据点，并在 100ms 内完成，视觉效果就是该数据点跑起来了，完成了动画的效果。

上述程序在 Python IDLE 中运行后，所绘制的图形中的一帧如图 7-2 所示。

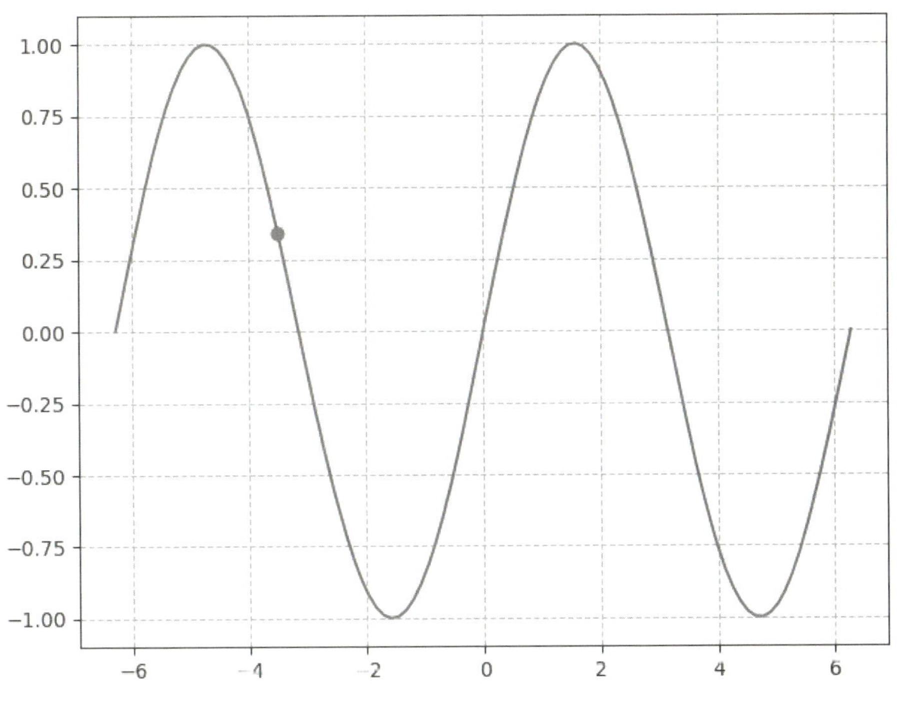

图 7-2　沿固定线路运行的点

上面的动画效果比较简单，可以在图中添加一些注释性的文本，用来说明点所在的坐标位置，使图所要表达的数据信息更清晰。

也可以随着数据点所在的不同位置改变该点的形状，使动画更加精彩有趣，能够吸引人的注意力。

【例 7-3】 添加数据点的坐标显示，并改变数据点的形状。

具体程序为：

```
import numpy as np
import matplotlib
import matplotlib.pyplot as plt
import matplotlib.animation as animation

x = np.linspace(-2*np.pi, 2*np.pi, 100)
y = np.sin(x)

fig = plt.figure(tight_layout=True)
plt.plot(x,y)
plt.grid(ls="--")

# 添加一些条件
def update_points(num):
    if num%5==0:
```

笔记

```
            point_ani.set_marker('o')
            point_ani.set_markersize(15)
        else:
            point_ani.set_marker('*')
            point_ani.set_markersize(6)
    point_ani.set_data(x[num], y[num])
    # 添加文字
        text_pt.set_text('x=%.3f,y=%.3f'%(x[num], y[num]))
        return point_ani,text_pt,

    x = np.linspace(-2*np.pi, 2*np.pi, 100)
    y = np.sin(x)

    fig = plt.figure(tight_layout=True)
    plt.plot(x,y)
    point_ani, = plt.plot(x[0], y[0], "ro")
    plt.grid(ls="--")
    text_pt=plt.text(5,0.8,'',ha='center',fontsize=10)
    # 开始制作动画
    ani = animation.FuncAnimation(fig, update_points, np.arange(0, 100),
interval=100, blit=True)

    # ani.save('sin_test2.gif', writer='imagemagick', fps=10)
    plt.show()
```

在上面的程序中，只需要在 update_points() 函数中添加一些条件，就可以完成特效。

首先，在这里添加的特效是：当 num 的值是 5 的倍数时，将数据点的形状设置为圆点形，并且点的大小较大；当 num 的值不是 5 的倍数时，将数据点的形状设置为星形，并且点的大小较小。

其次，在画布上添加了数据点的坐标显示，使用的函数为 plt.text()。在此要注意该文字所在的位置，ha 设置为 center，否则可能显示得不够完整。

上述程序在 Python IDLE 中运行后，所绘制的图形中的一帧如图 7-3 所示。

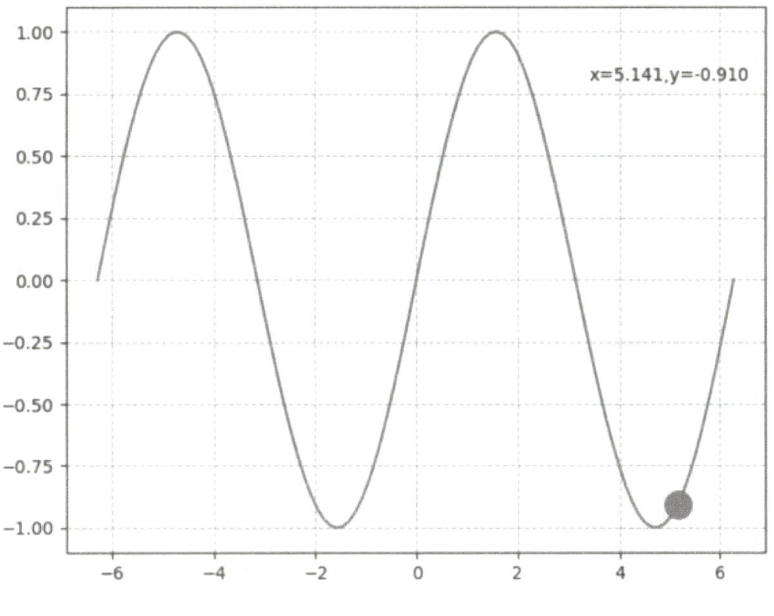

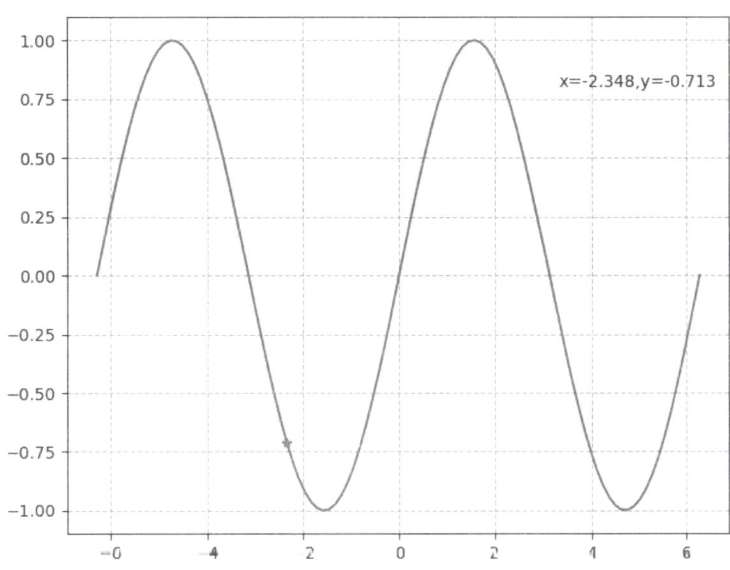

图 7-3　添加特效

【例 7-4】改进上面的程序，使数据点的坐标随着坐标点移动。

要达到数据点的坐标随着坐标点移动，只在 update_points() 函数中添加一些语句就可以了。update_points() 函数修改为：

```
def update_points(num):
    if num%5==0:
        point_ani.set_marker('o')
        point_ani.set_markersize(15)
    else:
        point_ani.set_marker('*')
        point_ani.set_markersize(6)
```

笔记

```
    point_ani.set_data(x[num], y[num])
    text_pt.set_text('x=%.3f,y=%.3f'%(x[num], y[num]))
    text_pt.set_position((x[num], y[num]))
    return point_ani,text_pt,
```

要实现坐标随数据点移动的效果，只需要将坐标文字的位置设置为数据点的坐标(x[num], y[num])。

上述程序在 Python IDLE 中运行后，所绘制的图形中的一帧如图 7-4 所示。

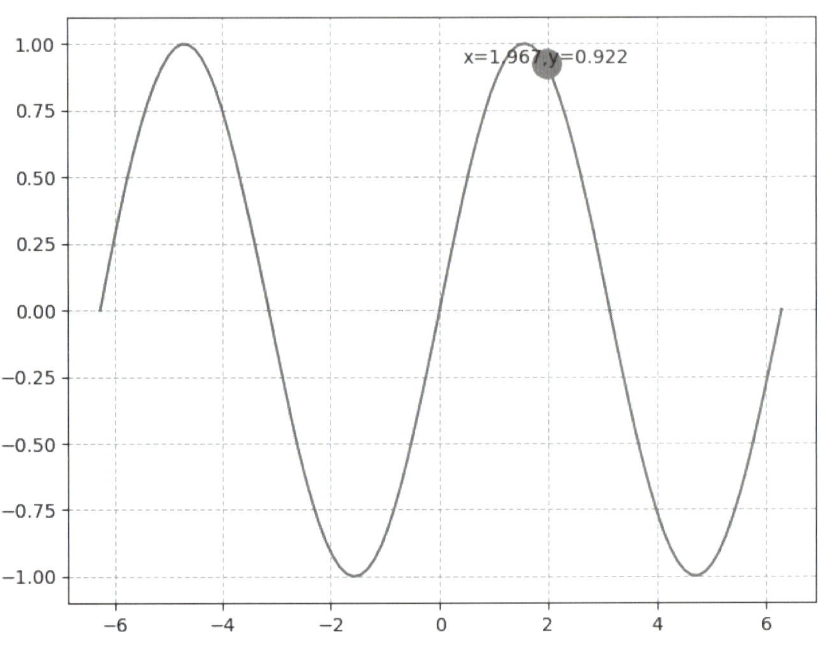

图 7-4　坐标随数据点移动

【例 7-5】给曲线添加切线，并实现切线沿曲线运动。

不论什么样的图形运动，只将它放在更新函数中就可以了。具体程序为：

```
import numpy as np
import matplotlib.pyplot as plt
import matplotlib.animation as animation

# 画布实例化
fig = plt.figure()
# 添加网格
plt.grid(ls='--')

# 正弦函数
x = np.linspace(0,2*np.pi,100)
y = np.sin(x)
```

笔记

```
# 绘制图像，设置为红色
crave_ani = plt.plot(x,y,'red',alpha=0.5)[0]

# 绘制曲线上的切点，将点设置为绿色
point_ani = plt.plot(0,0,'g',alpha=0.4,marker='o')[0]

# 设置坐标文字
xtext_ani = plt.text(5,0.8,'',fontsize=12)
ytext_ani = plt.text(5,0.7,'',fontsize=12)
ktext_ani = plt.text(5,0.6,'',fontsize=12)

# 切线函数
def tangent_line(x0,y0,k):
    xs = np.linspace(x0 - 0.5,x0 + 0.5,100)
    ys = y0 + k * (xs - x0)
    return xs,ys

# 斜率函数
def slope(x0):
    num_min = np.sin(x0 - 0.05)
    num_max = np.sin(x0 + 0.05)
    k = (num_max - num_min) / 0.1
    return k

# 画切线
k = slope(x[0])
xs,ys = tangent_line(x[0],y[0],k)
tangent_ani = plt.plot(xs,ys,c='blue',alpha=0.8)[0]
# 更新数据
def updata(num):
    k=slope(x[num])
    xs,ys = tangent_line(x[num],y[num],k)
    tangent_ani.set_data(xs,ys)
    point_ani.set_data(x[num],y[num])
    xtext_ani.set_text('x=%.3f'%x[num])
    ytext_ani.set_text('y=%.3f'%y[num])
    ktext_ani.set_text('k=%.3f'%k)
```

笔记

```
    return [point_ani,xtext_ani,ytext_ani,tangent_ani,k]

ani = animation.FuncAnimation(fig=fig,func=updata,frames=np.arange(0,100),interval=100)
#ani.save('sin_x.gif')
plt.show()
```

要实现图的动态效果，先要将初始的静态图像绘制出来。也就是说，要实现正弦函数的动态切线运动，要在静态的正弦曲线基础上将曲线第一个点的切线也作为初始图形。然后，切线和对应的切点变化，形成动态效果，只需要将切线及其切点放入更新函数中。

在程序中，使用 crave_ani、tangent_ani 和 point_ani 三个变量表示从 plot 函数中返回的三个值。plot() 函数可以同时绘制多个对象（例如两条曲线同时绘制时），因此它返回的是一个列表，而我们需要使用列表的方式获得其中的元素。在 crave_ani 后加逗号，就是用来从 plot() 函数的返回值列表中获取第一个列表元素。

上述程序在 Python IDLE 中运行后，所绘制的图形中的一帧如图 7-5 所示。

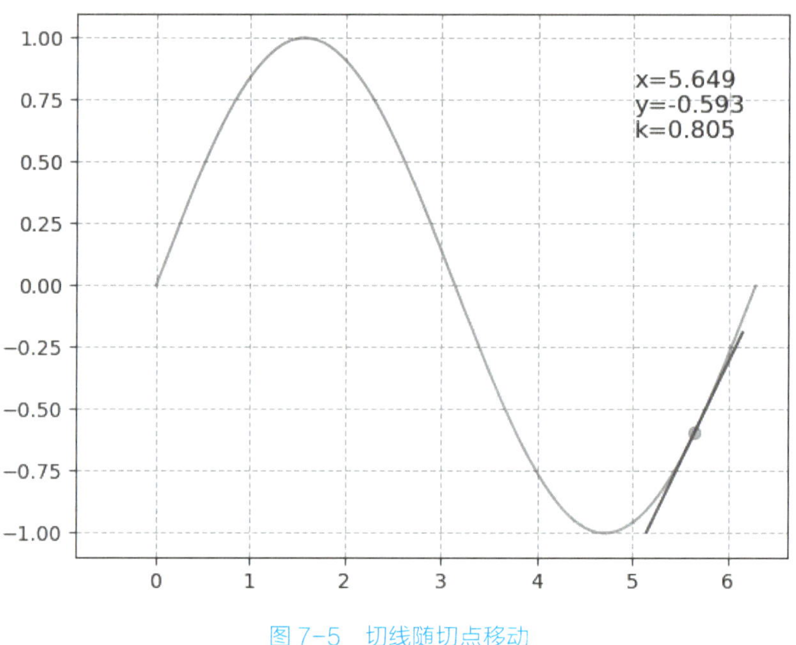

图 7-5　切线随切点移动

【例 7-6】绘制一个振幅不断变化的正弦曲线图，形成动态的效果。

具体程序为：

```
import numpy as np
import matplotlib.pyplot as plt
import matplotlib.animation as animation

# 为绘图作准备，初始化坐标等参数
fig, ax = plt.subplots()
```

笔记

```
line, = ax.plot([], [], lw=2)
ax.set_ylim(-1.1, 1.1)
ax.set_xlim(0, 5)
ax.grid()
xdata, ydata = [], []

# 更新数据
def data_update():
    t = data_update.t
    cnt = 0
    while cnt < 1000:
        cnt+=1
        t += 0.05
        yield t, np.sin(2*np.pi*t) * np.exp(-t/10.)
data_update.t = 0

# 回调函数 run()
def run(data):
    # 更新数据
    t,y = data
    xdata.append(t)
    ydata.append(y)
    xmin, xmax = ax.get_xlim()
    if t >= xmax:
        ax.set_xlim(xmin, 2*xmax)
        ax.figure.canvas.draw()
    line.set_data(xdata, ydata)
    return line,
# 每隔 10s 回调一次函数 run()
ani = animation.FuncAnimation(fig, run, data_update, blit=True,
                              interval=10, repeat=False)

plt.show()
```

在上面的程序中，run() 函数是回调函数，每次调用时都传入 data_update() 函数的返回值，将新的 t 和根据 t 调整了振幅的 sin() 曲线传递给 run() 函数，生成新的正弦曲线。

上述程序在 Python IDLE 中运行后，会生成动态的、不同振幅的多个曲线图，所绘制的图形中的一帧如图 7-6 所示。

笔记

1.00
0.75
0.50
0.25
0.00
−0.25
−0.50
−0.75
−1.00
0
2
4
6
8
10

1.00
0.75
0.50
0.25
0.00
−0.25
−0.50
−0.75
−1.00
0.0
2.5
5.0
7.5
10.0
12.5
15.0
17.5
20.0

1.00
0.75
0.50
0.25
0.00
−0.25
−0.50
−0.75
−1.00
0
5
10
15
20
25
30
35
40

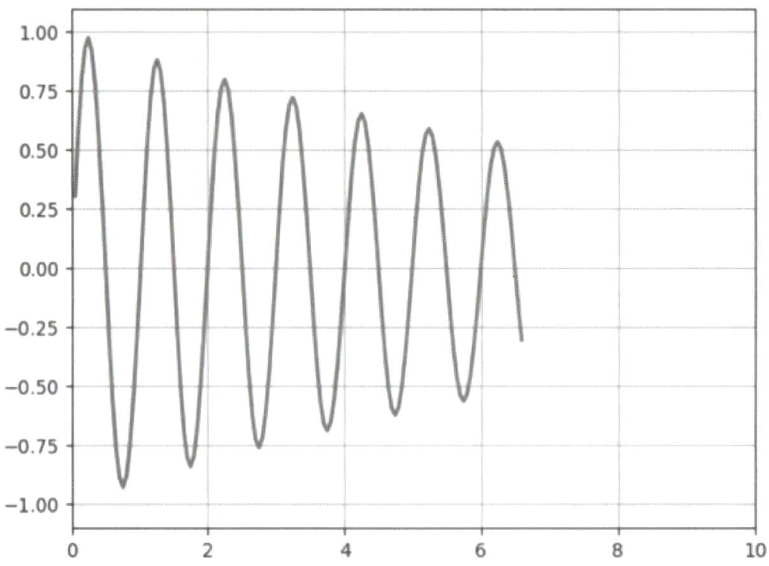

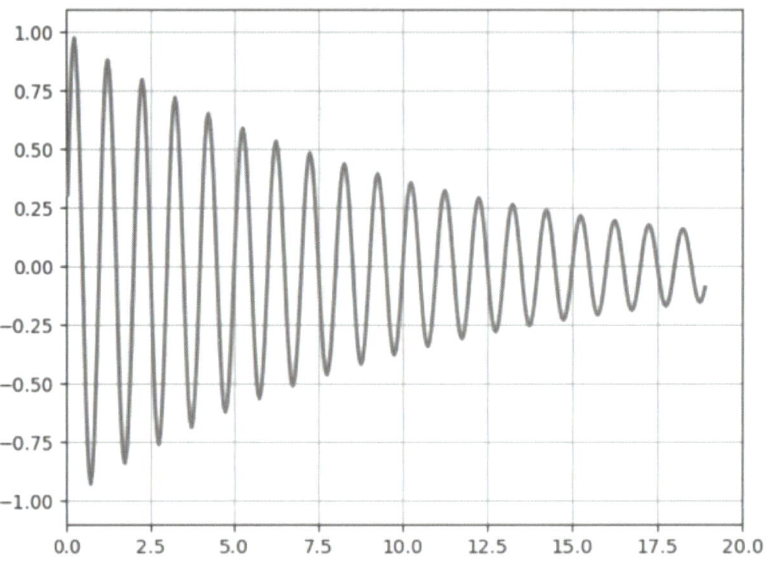

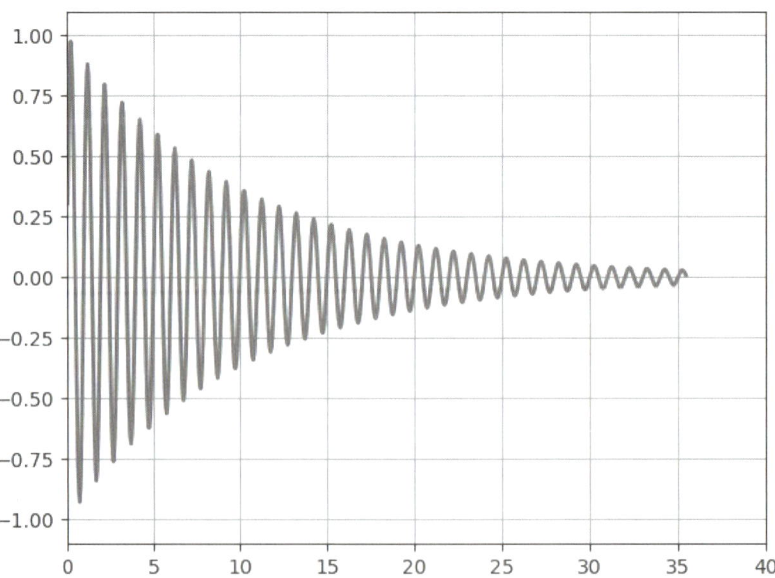

笔记

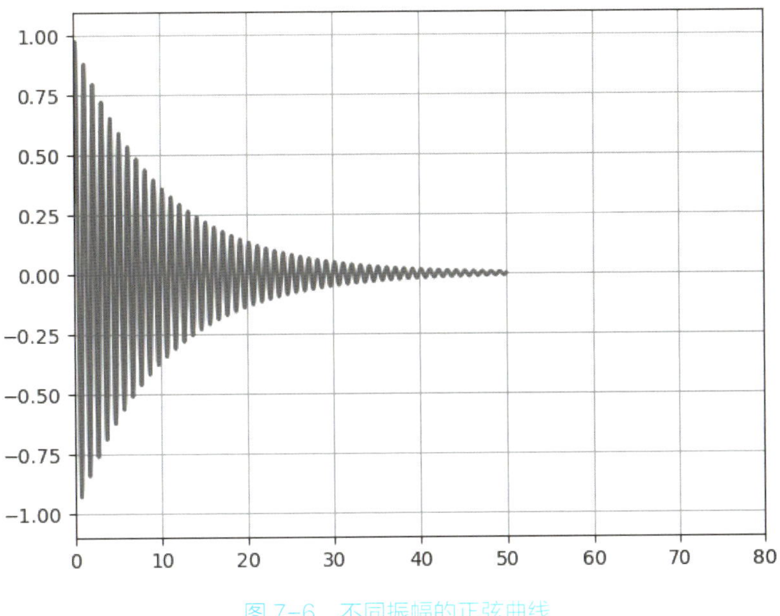

图 7-6　不同振幅的正弦曲线

【例 7-7】制作彩色气泡动态图。

具体程序为：

```
import matplotlib.pyplot as mp
import matplotlib.animation as ma
import numpy as np

n = 100
balls = np.zeros(n, dtype=[
    ('position', 'float32', 2),
    ('size', 'float32', 1),
    ('growth', 'float32', 1),
    ('color', 'float32', 4)
])
# 随机生成 100 个气泡，初始化
balls['position'] = np.random.uniform(0, 1, (n, 2))
# uniform 平均分布，在 [0,1) 间随机生成得到 n 行 2 列二维数组
balls['size'] = np.random.uniform(40, 70, n)
# uniform 平均分布，在 [40, 70) 间随机生成 n 个 int 类型的数据
balls['growth'] = np.random.uniform(10, 20, n)
# uniform 平均分布，在 [10, 20) 间随机生成 n 个 int 类型的数据
balls['color'] = np.random.uniform(0, 1, (n, 4))
# uniform 平均分布，在 [0, 1) 间随机生成 n 行 4 列二维数组

mp.figure('Animation', facecolor='lightgray')
```

笔记

```
    mp.title('Animation', fontsize=18)
    sc = mp.scatter(balls['position'][:, 0], balls['position'][:, 1], balls['size'],
color=balls['color'])


    # 每隔 30ms 更新一次每个气泡的大小

    def update(number):
        balls['size'] += balls['growth']
        # 每次都选中一个气泡重新设置随机属性
        index = number % n
        balls[index]['size'] = np.random.uniform(40, 70, 1)
        balls[index]['position'] = np.random.uniform(0, 1, (1, 2))
        # 重新绘制所有点
        sc.set_sizes(balls['size'])
        sc.set_offsets(balls['position'])


    anim = ma.FuncAnimation(mp.gcf(), update, interval=1)

    mp.show()
```

在上面的程序中，随机生成 100 个气泡，放入 ndarray 数组中，然后每个气泡包含 4 个属性：color、position、size 以及 growth，在画布中绘制这些气泡，并用动画演示使气泡不断变大的过程。

上述程序在 Python IDLE 中运行后，会生成动态的、不同振幅的多个曲线图，所绘制的图形中的一帧如图 7-7 所示。

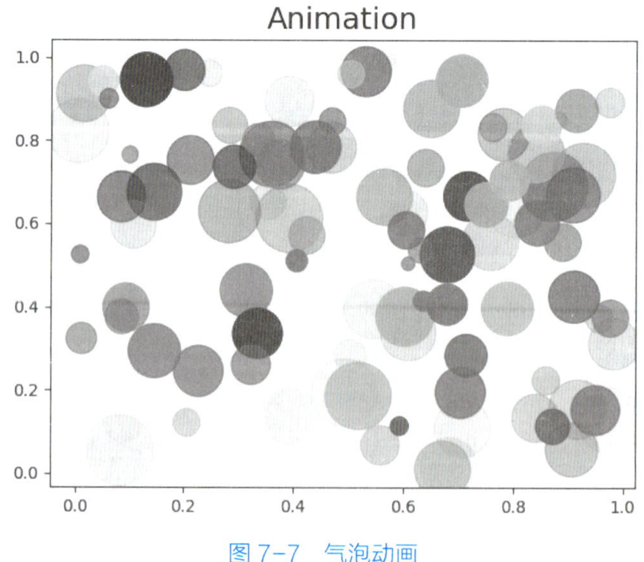

图 7-7　气泡动画

笔记

利用 animation.FuncAnimation() 也可以制作多子图动画，可以在一个画布中显示多个数据的动态展示，比如，显示同一时段多只股票的动态变化情况，更能体现数据的对比性。这里不再给出具体实例，读者可以参考其他资料，原理与前面是类似的。

7.3 ArtistAnimation 类

7.3.1 函数及参数介绍

FuncAnimation 类虽然可以制作出很多精美的动画，但是一次回调函数只能更新一个数据点，如果想一次更新多个数据点的坐标值，FuncAnimation 就无能为力了。

ArtistAnimation 类在每帧动画中都可以更新多个 artist 对象。它是基于帧的创建动画的方法，每帧画面都对应着 artist 的列表，而这个列表中的所有值都在这一帧中显示出来。所有的列表组成一更大的列表 artists，artists 中的每个元素 artist 表示每一帧中的所有 artist 对象，从而生成一个完整的动态图形。

二者的区别是，FuncAnimation 生成动画的方式是利用函数实现，而 ArtistAnimation 则是利用一幅一幅的图像，即用一帧一帧的数据生成动画，所以 ArtistAnimation 更容易定制特定的动画效果。

先看 ArtistAnimation 的构造函数，解释一下它的重要参数。

```
#ArtistAnimation 的构造函数
animation.ArtistAnimation(fig,
                          artists,
                          interval=200,
                          repeat=True,
                          repeat_delay=None,
                          repeat = True,
                          blit=False)
```

ArtistAnimation 构造函数中的参数含义如下。

（1）fig: 画布对象，用 plt.figure() 就可以得到。

（2）artists: 大的 list 列表，里面有许多子 list 小列表，每个小列表 list 存储了这一帧所有的 artist 对象。

（3）repeat: 是否重复播放，布尔型参数。

（4）repeat_delay: 每次播放动画后的时间间隔，单位是 ms。

（5）interval: 帧间隔，单位是毫秒 ms。

（6）blit：从这个平面复制到另一个平面。它的值可以设置为 True 或 False，默认值为 False。

由于 plot() 函数的返回值类型是列表，因此在一帧中添加 artist 的时候是相加，不

笔记

能使用 append() 函数，只有添加元素的时候才能用 append() 函数，否则程序会报下面的错误：

```
'list' object has no attribute 'set_visible
```

7.3.2 实例

本节介绍利用 ArtistAnimation 生成由多帧画面构成的动画，程序比较简单，容易理解。

【例 7-8】 基本 ArtistAnimation 动画。

具体程序为：

```
import matplotlib.pyplot as plt
import matplotlib.animation as animation

if __name__ == '__main__':
    x = [1,2,3,4,5,6,7,8,9,10,11,12,13,14,15]
    y = [1,2,3,4,5,6,7,8,9,10,11,12,13,14,15]

    fig = plt.figure()
    plt.xlim(0, 15)
    plt.ylim(0, 20)

    artists = []
    # 一共生成 20 帧，每帧 15 个点
    for i in range(20):
        frame = []
        for j in range(15):
            # +=，而不是 appand
            frame += plt.plot(x[j], y[j]+i, "o")
            artists.append(frame)

    ani = animation.ArtistAnimation(fig=fig, artists=artists,
                                    repeat=True, interval=10)
    plt.show()
```

在上面的程序中，在 for 循环中一共生成 20 帧，每帧 15 个数据点。每帧的数据点都是利用 + 添加到小列表中的，就是列表的连接。程序简单、清晰。

上述程序在 Python IDLE 中运行后，所绘制的图形中的一帧如图 7-8 所示。

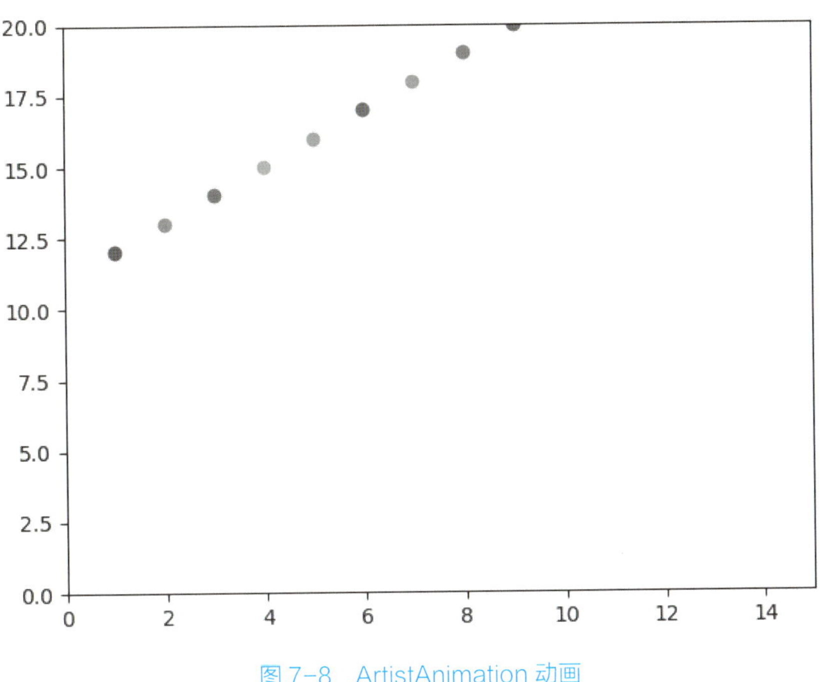

图 7-8　ArtistAnimation 动画

【例 7-9】 把上面程序中的数据点改成线段，制作动态线段图像，并生成动态标题。

具体程序为：

```
import matplotlib.pyplot as plt
from matplotlib import animation
import numpy as np

a = np.random.rand(10,10)

fig, ax=plt.subplots()
container = []
# 在 container 中放入多个帧
for i in range(a.shape[1]):
    line, = ax.plot(a[:,i])
    title = ax.text(0.5,1.05,"Title {}".format(i),
                    size=plt.rcParams["axes.titlesize"],
                    ha="center", transform=ax.transAxes, )
    # 每帧中有一个小列表，存放该帧中的多个要动态变化的元素
    container.append([line, title])

ani = animation.ArtistAnimation(fig, container, interval=200, blit=False)

plt.show()
```

笔记

在上面的程序中，绘制线段时使用随机生成的数据，将各线段及其标题放入 container 大列表中，相当于在 container 中放入多个帧，然后将各帧在画布中播放，形成动态效果，线段的颜色也随不同帧而变化。

上述程序在 Python IDLE 中运行后，所绘制的图形中的一帧如图 7-9 所示。

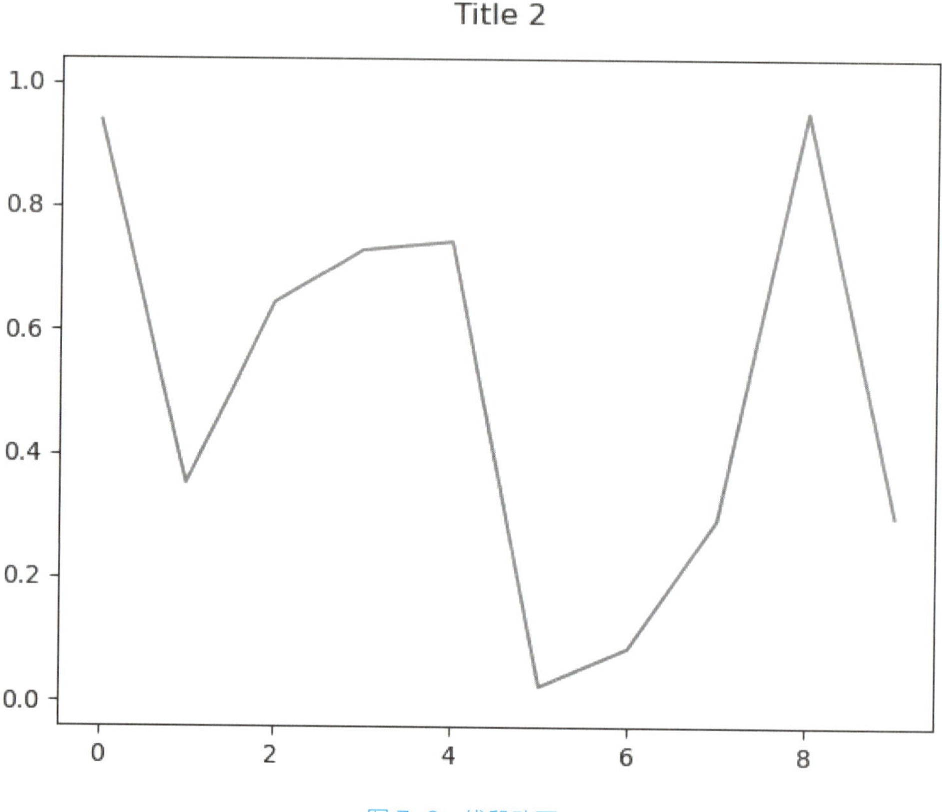

图 7-9　线段动画

【例 7-10】 使用 ArtistAnimation 制作图片轮流播放的效果，图片需要 png 类型，并与程序存储在同一路径下。

具体程序为：

```
import matplotlib.pyplot as plt
import matplotlib.image as mgimg
from matplotlib import animation

fig = plt.figure()

myimages = []

for p in range(2, 6):

    ## 读取每一张图片
```

笔记

```
        fname = "Fig%d.png" %p
        img = mgimg.imread(fname)
        imgplot = plt.imshow(img)

        # 将每张图片放入一个个小列表 list 中
        myimages.append([imgplot])

    ## 创建动画对象
    my_anim = animation.ArtistAnimation(fig, myimages, interval=1000,
blit=True, repeat_delay=1000)

    ## 这里的 save() 方法属于上面创建的动画对象 my_anim
    # 可以将 animation.mp4 存储到硬盘中

    ## 显示动画
    plt.show()
```

在上面的程序中，读取图片的模块为 matplotlib.image，将图片放入小列表，然后把每个小列表作为一帧放入大列表中，将大列表作为各帧的存放容器。也就是说，imgplot 中是各个图片，然后放入 myimages 列表中轮流播放，形成动态效果。

在这个程序中需要注意的是图片必须是 png 类型，如果是其他类型的图片或者是直接修改其他类型图片的类型，程序就会报错。

上述程序在 Python IDLE 中运行后，所绘制的图形中的一帧如图 7-10 所示。

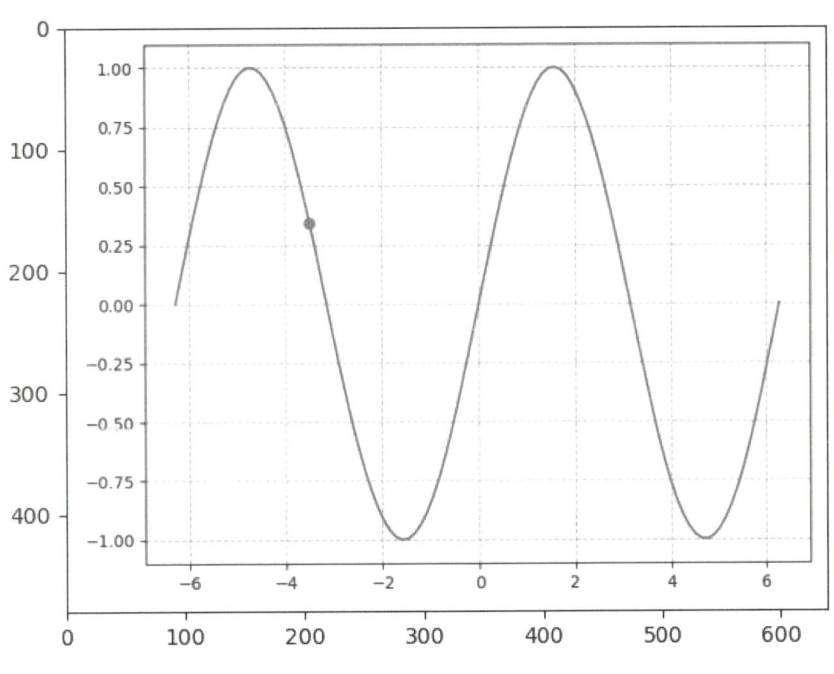

图 7-10　图片轮流播放

第 8 章 可视化 3D 图

学习目标

1. 了解 3D 图像的概念。
2. 掌握 3D 的各类图形。
3. 掌握绘制 3D 图形的各个函数。

知识导图

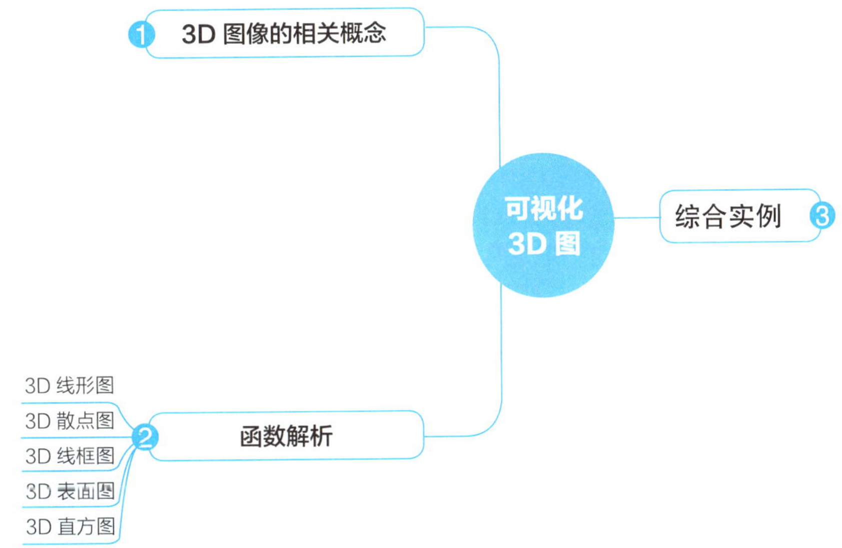

笔记

本章导读

随着计算机软硬件突飞猛进地发展，计算机图形学在各个行业的应用也迅速得到普及和深入。目前，计算机图形学已进入3D时代，3D图形在人们生活中无处不在。科学计算可视化、计算机动画和虚拟现实已经成为近年来计算机图形学的三大热门话题，而这三大热门话题的技术核心均为3D图形。可视化3D图形在计算机辅助设计与制造（CAD/CAM）、动画影视制作、游戏娱乐、军事、航空航天、地质勘探、实时模拟等方面已有十分广泛的应用。

可视化3D图是虚拟现实技术的基础，作为虚拟现实技术的一部分，其应用领域主要有几个方面：军事训练、企业生产、科研、娱乐、商业应用。

8.1 3D图像的相关概念

3D是three-dimensional的缩写，指的是三维图形。在计算机中的3D图形其实是在二维平面中显示三维效果的图形。与现实世界中的三维物体不同，在计算机中只能是看起来有三维立体效果的图形，是为了人眼看上去是真的。要绘制三维图形，就要根据人眼的特点看物体远小近大，因为计算机的显示器是二维的，所以三维图像其实就是在计算机的屏幕上利用色彩灰度不同使人眼产生三维的视觉效果。

3D可视化有时是很有必要的，并且比二维图像更能直接表达数据之间的关系，而且某些时候3D图形是唯一选择。3D图形在数据分析、建模、图像处理等方面都有广泛的应用。利用Python和Matplotlib可以绘制3D散点图、轮廓图、表面图、曲线图、文字等。

绘制3D图形比较主流的工具包有：GTK工具、Excel软件、Basemap库、mplot3d库等。与matplotlib结合使用的工具包中最常用的是mplot3d，mpl_toolkits.mplot3d模块提供了基本的3D图绘制函数，可以绘制上面提到的所有3D图形，它是与matplotlib一起产生的。在matplotlib官网上有详细的文档，网址为https://matplotlib.org/tutorials/toolkits/mplot3d.html。

mpl_toolkits工具包的安装方法是在Windows命令行窗口中执行命令：

```
pip install –upgrade matplotlib
```

安装好后，即可调用mpl_tookits下的mplot3d类进行3D图形的绘制。导入方法有以下两种，任选一种即可：

```
import mpl_tookits.mplot3d as p3d
from mpl_tookits.mplot3d import *
```

8.2 函数解析

利用matplotlib绘制图形一般需要先创建一个图表（figure），在上面添加坐标轴后，图

形就绘制在坐标系中，3D 图形也一样。

但是，与二维图形不同的是，在所创建的图表中需要绘制 3D 图形，这就需要将坐标系变为三维的，添加的坐标轴也不再只有 *X* 轴和 *Y* 轴，而是 Axes3D，包括 *X* 轴、*Y* 轴和 *Z* 轴。

对于不同维度的图形来说，需要的函数功能是类似的，但是函数所需要的参数不同，3D 图形需要给三个坐标轴都提供数据。

比如，绘制 3D 图形要给 mpl_toolkits.mplot3d.Axes3D.plot() 指定参数 xs、ys、zs 以及 zdir。其他参数直接传给 matplotlib.axes.Axes.plot() 即可。plot() 函数用于绘制三维线形图，针对不同类型的 3D 图形，有不同的函数来生成，下面具体介绍这些函数及参数。

与前面章节不同的是，与二维图形类似，3D 图形也包括各类图形，如 3D 线形图、3D 直方图、3D 散点图、3D 轮廓图、3D 表面图等，所以本节将参数与实例结合在一起介绍。

生成 3D 图形时，画图的方法有两种：

```
fig = plt.figure()
ax = p3d.Axes3D(fig)
```

或者：

```
fig = plt.figure()
ax = fig.add_subplot(111, projection='3d')
```

画三维图需要先得到一个 Axes3D 对象，上面两种方式得到的 ax 都是 Axes3D 对象，接下来就可以调用函数在 ax 上画图了。

8.2.1 3D 线形图

生成 3D 线形图的函数原型为：

```
mpl_toolkits.mplot3d.Axes3D.plot(xs,ys,zs,zdir='z',*args,**kwargs)
```

函数 plot() 中的参数含义见表 8-1。

表 8-1　函数 plot() 中的参数含义

参数	说明
xs	x 轴坐标值
ys	y 轴坐标值
zs	z 轴坐标值，可以是所有点对应一个值，或者是每个点对应一个值。当所有点对应一个值的时候，其实图形就是 2D 的
zdir	确定哪个坐标轴是 z 轴的维度，一般情况下是 zs，但也可以是 xs 或 ys

笔记

下面用实例说明。

【例 8-1】绘制 3D 曲线图。

具体程序为：

```
import numpy as np
import matplotlib.pyplot as plt
import mpl_toolkits.mplot3d as p3d

fig = plt.figure()
ax = p3d.Axes3D(fig)

z = np.linspace(0, 15, 1000)
x = np.sin(z)
y = np.cos(z)
ax.plot(x, y, z, 'green')
plt.show()
```

在上面的程序中，画图方法用的是第一种，即 ax = p3d.Axes3D(fig)，可以理解为将 figure 参数放入 3D 坐标轴中。

每个 z 值对应一对（x,y）值，z 轴为第三维度。上述程序在 Python IDLE 中运行后，形成螺旋的立体效果，程序的执行结果如图 8-1 所示。

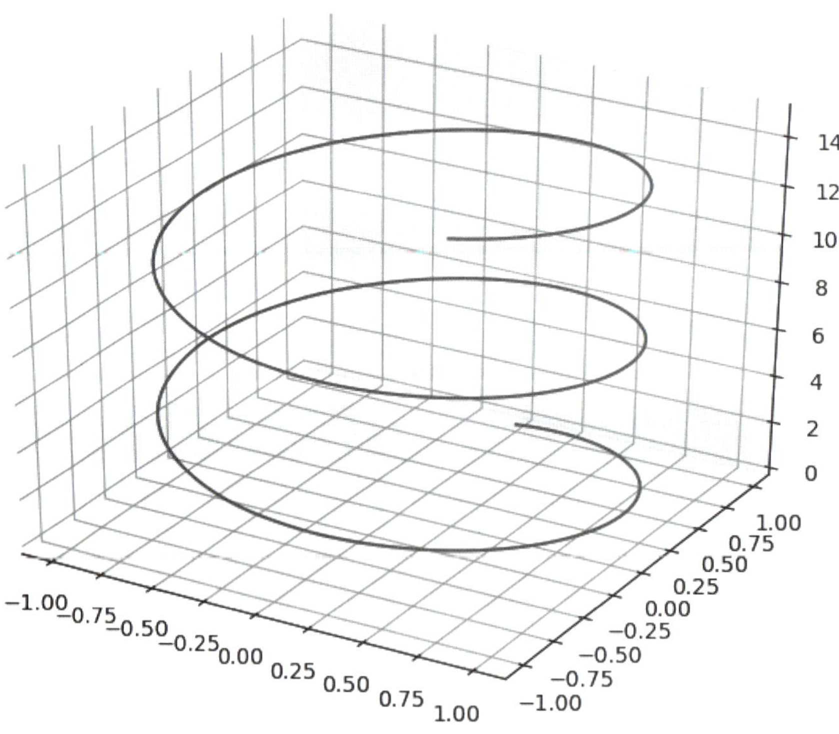

图 8-1　3D 曲线图第一种方法

也可以用第二种画图方法 ax=fig.add_subplot(111,projection='3d') 绘制螺旋曲线，这种方法可以理解为在函数中指定了绘制 '3d' 图形。

```
import matplotlib as mpl
from mpl_toolkits.mplot3d import Axes3D
import numpy as np
import matplotlib.pyplot as plt

mpl.rcParams['legend.fontsize'] = 10

fig = plt.figure()
ax = fig.gca(projection='3d')
theta = np.linspace(-4 * np.pi, 4 * np.pi, 100)
z = np.linspace(-2, 2, 100)
r = z ** 2 + 1
x = r * np.sin(theta)
y = r * np.cos(theta)
ax.plot(x, y, z, label='parametric curve')
ax.legend()

plt.show()
```

在上面的程序中添加了中间变量 r，r 是 z 的函数，代入 x 和 y 参数中，使得正弦和余弦曲线的振幅发生变化，形成如图 8-2 所示的效果。

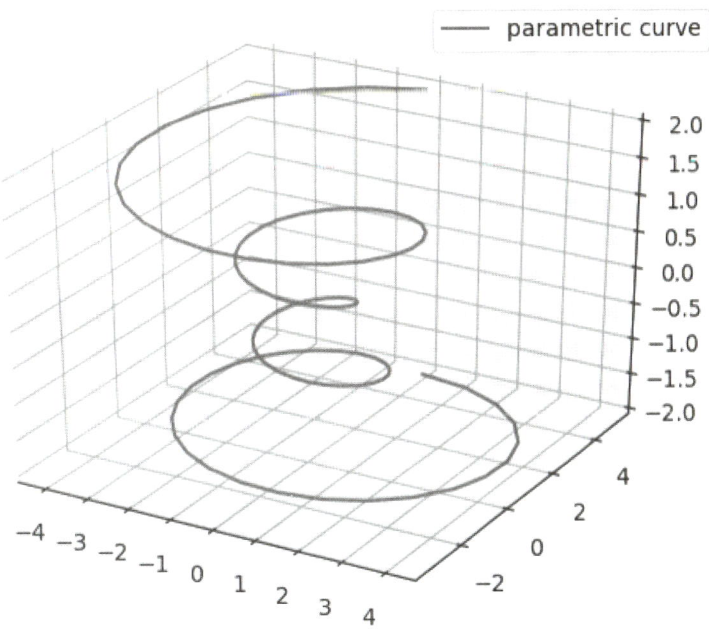

图 8-2　3D 曲线图第二种方法

上面两个程序使用了两种生成3D坐标系的方法，两种方法的作用是一样的。最后绘制图形的时候，由于生成的是曲线图，所以调用的还是前面绘制二维图形时的 plot() 函数。

8.2.2 3D 散点图

生成3D散点图的函数原型为：

```
Axes3D.scatter(xs, ys, zs=0, zdir='z', s=20,
               c=None, depthshade=True, *args, **kwargs)
```

函数 scatter() 中的参数含义见表 8-2。

表 8-2　函数 scatter() 中的参数含义

参数	说明
xs	x 轴坐标值
ys	y 轴坐标值
zs	z 轴坐标值，有两种形式，一是取一个标量，函数中的默认值就是标量0，也就是说，默认情况下，所有点都在 z=0 这个面上，这时就是平面二维图。二是取与 xs、ys 类似的数组，那么图形就是3D的
zdir	确定哪个坐标轴是 z 轴的维度，一般情况下是 zs，但也可以是 xs 或 ys
s	s 用来控制点的大小
c	c 对应的是颜色指示值，如使用渐变色，就可以令 c=x，使得颜色值随着 x 值变化
depthshade	是否对散布标记进行着色，以显示深度的外观，默认值为 True

下面用实例说明，先给出一个最简单的3D散点图。

【例 8-2】 绘制简单的3D散点图。

具体程序为：

```
import numpy as np
import matplotlib.pyplot as plt
import mpl_toolkits.mplot3d

x = np.array([1, 2, 4, 5, 6])
y = np.array([2, 3, 4, 5, 6])
z = np.array([1, 2, 4, 5, 6])

# 创建一个三维的绘图工程
ax = plt.subplot(projection = '3d')
ax.set_title('3d scatter')
```

```
# 绘制数据点 c: 'r' 红色，'y' 黄色等
ax.scatter(x, y, z, c = 'r')

ax.set_xlabel('X')  # 设置 X 坐标轴
ax.set_ylabel('Y')  # 设置 Y 坐标轴
ax.set_zlabel('Z')  # 设置 Z 坐标轴

plt.show()
```

在上面的程序中，x、y、z 分别是三个一维数组。调用 plt.subplot() 生成了 3D 坐标系，在其中绘制了 scatter 图形，并将这些 3D 空间中的点设置为红色。

上述程序在 Python IDLE 中运行后，程序的执行结果如图 8-3 所示，但是立体感不强的读者可能不能很好地感受到立体效果。

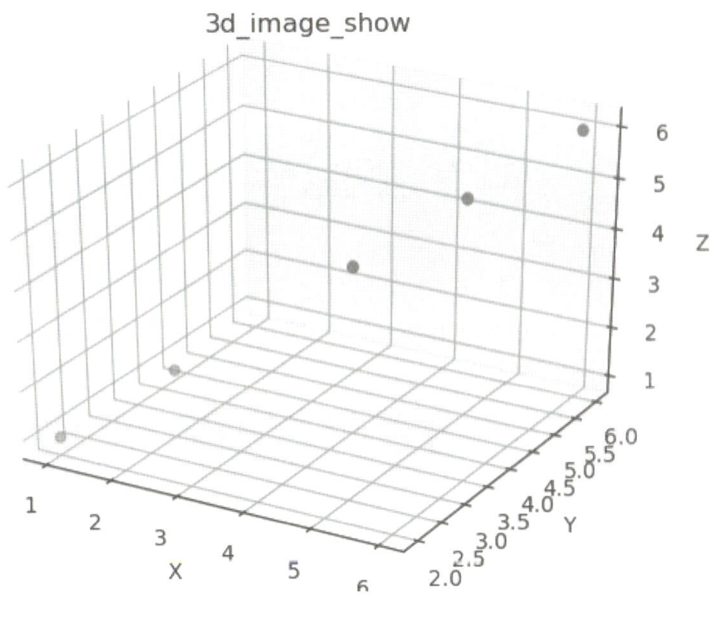

图 8-3　3D 散点图

下面举例说明更立体的散点图。

【例 8-3】 绘制 3D 散点图。

具体程序为：

```
from mpl_toolkits.mplot3d import Axes3D
import matplotlib.pyplot as plt
import numpy as np

# 生成 shape(n,) 的随机数组
def randrange(n, vmin, vmax):
    return (vmax - vmin) * np.random.rand(n) + vmin
```

笔记

```
fig = plt.figure()
ax = fig.add_subplot(111, projection='3d')

n = 100

# 设置每组样式和范围
# x 在 [23, 32], y 在 [0, 100], z 在 [zlow, zhigh] 范围生成随机点
# 将两组散点值绘制到同一个 figure 中
for c, m, zlow, zhigh in [('r', 'o', -50, -25), ('b', '*', -30, -5)]:
    xs = randrange(n, 23, 32)
    ys = randrange(n, 0, 100)
    zs = randrange(n, zlow, zhigh)
    ax.scatter(xs, ys, zs, c=c, marker=m)

ax.set_xlabel('X Label')
ax.set_ylabel('Y Label')
ax.set_zlabel('Z Label')

plt.show()
```

上面的程序中定义了函数 randrange()，生成 100 个范围内的点，在 for 循环中生成两组散点，并将它绘制在同一个图像中。

上述程序在 Python IDLE 中运行后，形成了散点的立体效果，程序的执行结果如图 8-4 所示。

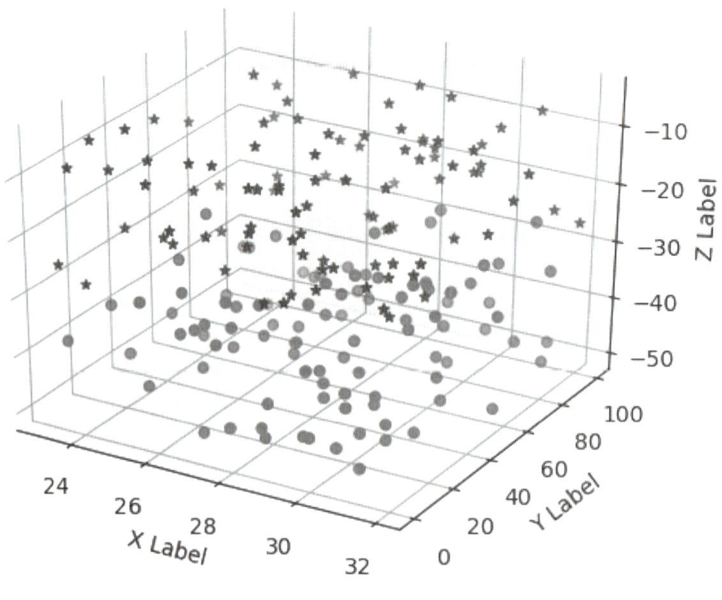

图 8-4　3D 散点图

8.2.3 3D 线框图

笔记

线框图的每个面是由多边形构成的。线框图采用值网格并将其投影到指定的三维表面上，可以使得到的三维形式非常容易可视化。

生成 3D 线框图的函数原型为：

```
Axes3D.plot_wireframe(x, y, z,
                      rstride, cstride, rcount, ccount, *args, **kwargs)
```

函数 plot_wireframe() 中的参数及其说明见表 8-3。

表 8-3 函数 plot_wireframe() 中的参数及其说明

参数	说明
x	*x* 轴坐标值
y	*y* 轴坐标值
z	*z* 轴坐标值，与前面图形的含义相同
rstride	数组的行步长，默认值为 1
cstride	数组的列步长，默认值为 1
rcount	使用的最多行数，默认值为 50。也就是绘制的线框图中线的行数
ccount	使用的最多列数，默认值为 50。也就是绘制的线框图中线的列数

【例 8-4】 绘制 3D 线框图。

具体程序为：

```
from mpl_toolkits.mplot3d import axes3d
import matplotlib.pyplot as plt

fig = plt.figure()
ax = fig.add_subplot(111, projection='3d')

# 生成数据
X, Y, Z = axes3d.get_test_data(0.05)

# 绘制基本线框图
ax.plot_wireframe(X, Y, Z, rstride=10, cstride=10)

plt.show()
```

在上面的程序中，代码 axes3d.get_test_data(0.05) 用于生成测试数据，X、Y、Z 的值均为 120 行 120 列，读者可以将其打印出来进行观察。函数 plot_wireframe() 用于绘制线

笔记

框图，并且规定所生成的线框间的步长均为 1。注意，rstride/cstride 和 rcount/ccount 不能同时设置，只能对其中一组设置非默认值，前者表示采样步长，后者表示最大采样点数。

上述程序在 Python IDLE 中运行后，程序的执行结果如图 8-5 所示。

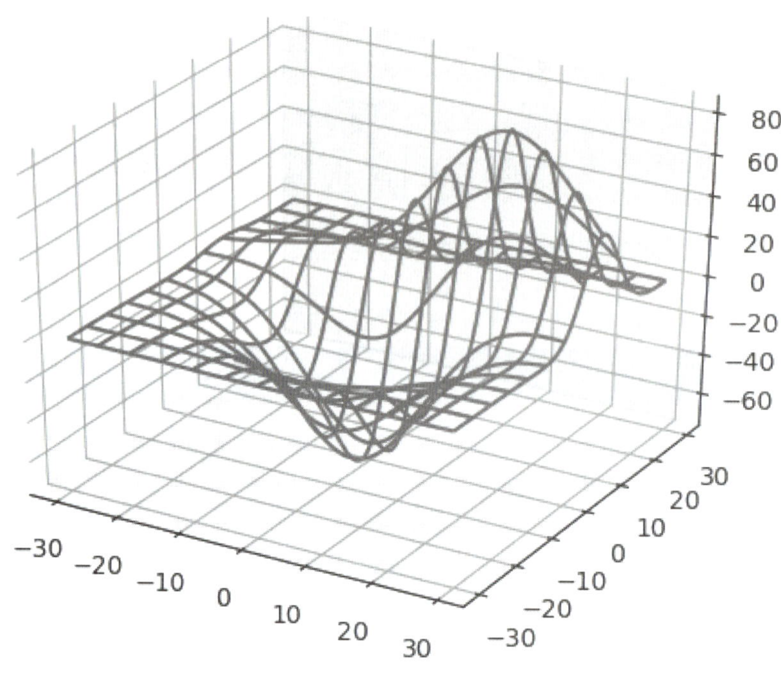

图 8-5　3D 线框图

通过设置不同的参数值，可以看到线框图中线的稠密程度，读者可以通过改变其值观察效果。

8.2.4 3D 表面图

表面图就是将线框图的每个框填充上颜色，在立体空间中形成各个不同的面。

生成 3D 表面图的函数原型为：

```
Axes3D.plot_plot_surface(x, y, z,
                         rstride, cstride, rcount, ccount,
                         color, cmap, facecolors, norm,
                         vmin, vmax, shade, *args, **kwargs)
```

函数 plot_surface() 中的参数及其说明见表 8-4。

表 8-4　函数 plot_surface() 中的参数及其说明

参数	说明
x	x 轴坐标值
y	y 轴坐标值

续表

参数	说明
z	z 轴坐标值，与前面图形的含义相同
rstride	数组的行步长，默认值为 1
cstride	数组的列步长，默认值为 1
rcount	使用的最多行数，默认值为 50。也就是绘制的线框图中线的行数
ccount	使用的最多列数，默认值为 50。也就是绘制的线框图中线的列数
color	曲面片上的颜色。 注：面片指的是线围起来的每个小曲面
cmap	曲面片上的颜色映射
facecolors	曲面各个面片的颜色
norm	把值映射到颜色的正则化实例
vmin	映射的最小值
vmax	映射的最大值
shade	是否给面片着色

【例 8-5】 绘制 3D 表面图。

具体程序为：

```
import numpy as np
import matplotlib.pyplot as plt
from mpl_toolkits.mplot3d import Axes3D

x = np.linspace(-4,4,500)
y = x
[X,Y] = np.meshgrid(x,y)
Z = X*X+Y*Y
fig = plt.figure()
ax = fig.add_subplot(111,projection ='3d' )
ax.plot_surface(X,Y,Z,rcount=10, ccount=50,cmap = 'hot')
ax.plot_surface(X,Y,Z,rstride = 10,cstride= 50,cmap = 'hot')
plt.show()
```

上述程序在 Python IDLE 中运行后，程序的执行结果如图 8-6 所示。

笔记

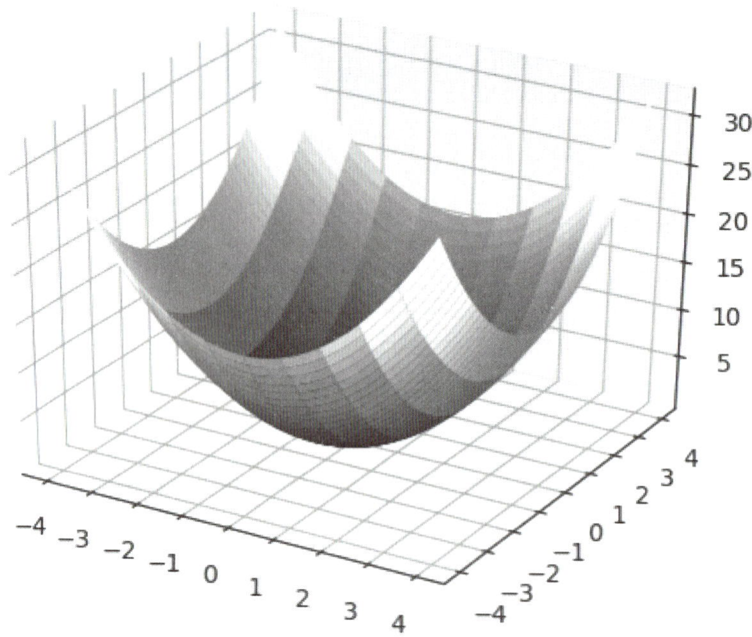

图 8-6　3D 表面图

在上面的程序中，

（1）x 和 y 相等，都是等差数列。

（2）[X,Y] = np.meshgrid(x,y) 中，np.meshgrid() 函数用于生成网格点坐标矩阵，在图 8-7 的线框图中，每根线的每个交叉点都是网格点，描述这些网格点的坐标的矩阵就是坐标矩阵。

（3）Z = X*X+Y*Y，基于网格点生成 *Z* 轴的值。这样，三个坐标值 *X*、*Y*、*Z* 共同确定了空间中的点。

（4）ax.plot_surface(X,Y,Z,rcount=10, ccount=50,cmap = 'hot') 和 ax.plot_surface(X,Y,Z,rstride = 10,cstride= 50,cmap = 'hot') 的作用基本相同，只是使用了不同的取样点设置，plot_surface() 函数用于绘制表面图。

其中，cmap 参数是颜色映射，在本程序中取值为 'hot'，可以取的值非常多，读者可以尝试多种颜色。cmap 可取的值如下所示：

★ Accent, Accent_r;

★ Blues, Blues_r, BrBG, BrBG_r, BuGn, BuGn_r, BuPu, BuPu_r;

★ CMRmap, CMRmap_r;

★ Dark2, Dark2_r;

★ GnBu, GnBu_r, Greens, Greens_r, Greys, Greys_r;

★ OrRd, OrRd_r, Oranges, Oranges_r;

★ PRGn, PRGn_r, Paired, Paired_r, Pastel1, Pastel1_r, Pastel2, Pastel2_r, PiYG, PiYG_r, PuBu, PuBuGn, PuBuGn_r, PuBu_r, PuOr, PuOr_r, PuRd, PuRd_r, Purples, Purples_r;

★ RdBu, RdBu_r, RdGy, RdGy_r, RdPu, RdPu_r, RdYlBu, RdYlBu_r, RdYlGn, RdYlGn_r, Reds, Reds_r;

★ Set1, Set1_r, Set2, Set2_r, Set3, Set3_r, Spectral, Spectral_r;

笔记

★ Wistia, Wistia_r；

★ YlGn, YlGnBu, YlGnBu_r, YlGn_r, YlOrBr, YlOrBr_r, YlOrRd, YlOrRd_r；

★ afmhot, afmhot_r, autumn, autumn_r；

★ binary, binary_r, bone, bone_r, brg, brg_r, bwr, bwr_r；

★ cividis, cividis_r, cool, cool_r, coolwarm, coolwarm_r, copper, copper_r, cubehelix, cubehelix_r；

★ flag, flag_r；

★ gist_earth, gist_earth_r, gist_gray, gist_gray_r, gist_heat, gist_heat_r, gist_ncar, gist_ncar_r, gist_rainbow, gist_rainbow_r, gist_stern, gist_stern_r, gist_yarg, gist_yarg_r, gnuplot, gnuplot2, gnuplot2_r, gnuplot_r, gray, gray_r；

★ hot, hot_r, hsv, hsv_r；

★ inferno, inferno_r；

★ jet, jet_r；

★ magma, magma_r；

★ nipy_spectral, nipy_spectral_r；

★ ocean, ocean_r；

★ pink, pink_r, plasma, plasma_r, prism, prism_r；

★ rainbow, rainbow_r；

★ seismic, seismic_r, spring, spring_r, summer, summer_r；

★ tab10, tab10_r, tab20, tab20_r, tab20b, tab20b_r, tab20c, tab20c_r, terrain, terrain_r；

★ viridis, viridis_r；

★ winter, winter_r。

8.2.5 3D 直方图

直方图的有关概念前面章节已经介绍得很详细了，3D 直方图其实就是将平面直方图放到立体空间中，形成立体的柱状图。可以将它画成空间中的 2D 条形，也可以形成立体条形。在下面的程序中，利用函数 bar3d() 绘制立体条状 3D 直方图。

【例 8-6】 绘制 3D 直方图。

具体程序为：

```
import numpy as np
import matplotlib.pyplot as plt
import matplotlib as mpl
from mpl_toolkits.mplot3d import Axes3D

mpl.rcParams['font.size'] = 10

samples = 25
```

笔记

```
x = np.random.normal(5, 1, samples)
y = np.random.normal(3, .5, samples)

fig = plt.figure()
ax = fig.add_subplot(211, projection='3d')

# 生成二维直方图，返回值第 1 个为直方图，第 2、3 个值分别为刻度
hist, xedges, yedges = np.histogram2d(x, y, bins=10)

# 计算 x、y 条位置网格点值
elements = (len(xedges) - 1) * (len(yedges) - 1)
xpos, ypos = np.meshgrid(xedges[:-1]+.25, yedges[:-1]+.25)

xpos = xpos.flatten()
ypos = ypos.flatten()
zpos = np.zeros(elements)

# 给直方图中的每个柱相同的宽度
dx = .1 * np.ones_like(zpos)
dy = dx.copy()

# 直方图柱的高度
dz = hist.flatten()

ax.bar3d(xpos, ypos, zpos, dx, dy, dz, color='b', alpha=0.4)
ax.set_xlabel('X Axis')
ax.set_ylabel('Y Axis')
ax.set_zlabel('Z Axis')

# 生成相同点的平面散点图，用于对比位置
ax2 = fig.add_subplot(212)
ax2.scatter(x, y)
ax2.set_xlabel('X Axis')
ax2.set_ylabel('Y Axis')
plt.show()
```

笔记

上述程序在 Python IDLE 中运行后，程序的执行结果如图 8-7 所示。

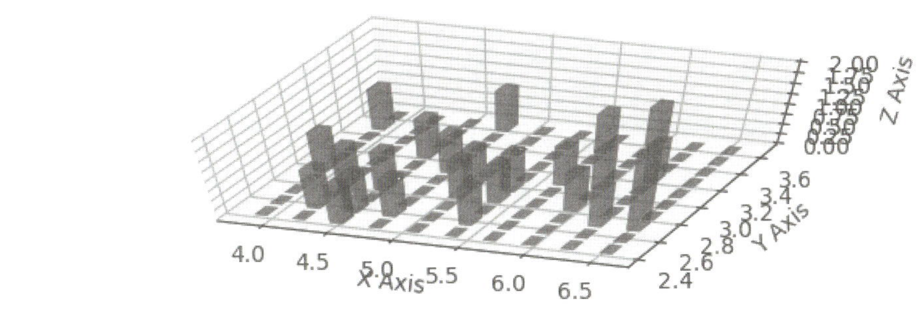

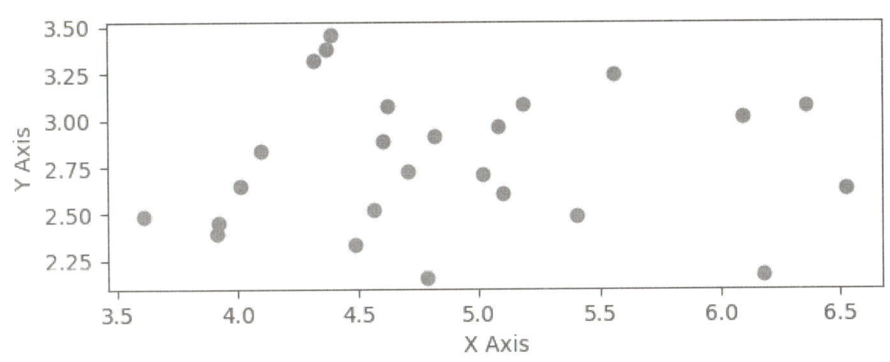

图 8-7　3D 直方图

在上面的例子中，

（1）np.histogram2d() 用于生成二维直方图，该函数的返回值有三个，第 1 个是直方图，第 2、3 个分别为 x、y 坐标的刻度。

（2）np.meshgrid() 函数与前面相同，用于根据 x、y 坐标的刻度计算直方图中条形所在的网格点。

（3）flatten() 用于将 numpy 数组格式的数据展平成一维数组。

（4）xpos、ypos、zpos 是指直方图的柱所在的位置。

（5）dx、dy、dz 是指直方图的柱的长度、宽度和高度。

8.3 综合实例

【例 8-7】 将曲线和 3D 散点图绘制在同一图中。

要将两种图形绘制在一个坐标系中，同时调用两种绘图函数即可，具体程序为：

```
import numpy as np
import matplotlib.pyplot as plt

# 创建一个 3D 坐标系
fig = plt.figure()
ax = fig.gca(projection = '3d')
help(plt.plot)
```

笔记

```
help(np.random.sample)
# 利用 x 轴和 y 轴绘制抛物线
x = np.linspace(0, 1, 100) # linspace 用于创建等差数组
#y = np.cos(x * 2 * np.pi)/2  +0.5
y=x**2
# 通过 zdir = 'z' 将数据绘制在 z 轴, zs = 0.5 则是将数据绘制在 z = 0.5 的地方
ax.plot(x, y, zs = 0.5, zdir = 'z', color = 'black', label = 'curve in (x, y)')

# 绘制散点数据（每个颜色 20 个 2D 点）在 x 轴和 z 轴
colors = ('r', 'g', 'b', 'k')
np.random.seed(19680801) # 设置随机函数复现

x = np.random.sample(20 * len(colors))
y = np.random.sample(20 * len(colors))
z = np.random.sample(20 * len(colors))

c_list = []
for i in colors:
    c_list.extend([i] * 20)

# 绘制散点坐标, 通过 zdir = 'y' 将数据绘制在 y 为 0 的地方
ax.scatter(x, y, z, zdir = 'y', c = c_list, label = 'point in (x, z)')

# 设置图例
ax.legend()
# 限制各轴的范围
ax.set_xlim(0, 1)
ax.set_ylim(0, 1)
ax.set_zlim(0, 1)
# 为轴添加标签
ax.set_xlabel('X')
ax.set_ylabel('Y')
ax.set_zlabel('Z')

plt.show()
```

首先创建 3D 坐标系，在该坐标系中生成一条抛物线，通过 zdir = 'z' 将数据绘制在 z 轴，zs = 0.5 是将该抛物线绘制在坐标轴 z = 0.5 的位置。然后绘制散点数据（每个颜色 20 个 2D 的散点）在 x 轴和 z 轴的平面上，并且 zdir='y' 是把第三轴设置为 y 轴。上述程序在 Python IDLE 中运行后，程序的执行结果如图 8-8 所示。

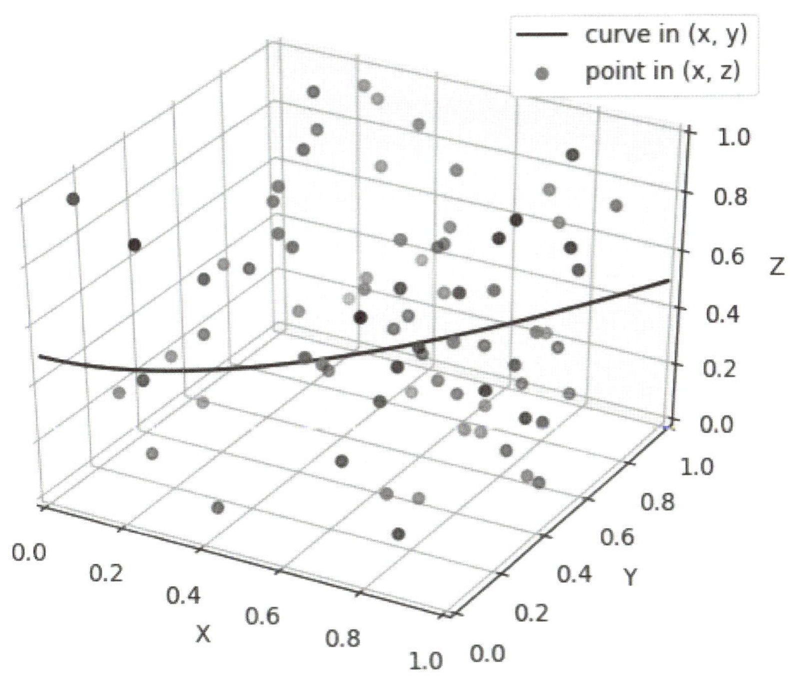

图 8-8　曲线与散点结合

【例 8-8】 绘制一朵蓝色玫瑰。

具体程序为：

```
from mpl_toolkits.mplot3d import Axes3D
from matplotlib import cm
from matplotlib.ticker import LinearLocator
import matplotlib.pyplot as plt
import numpy as np

fig=plt.figure()
ax=fig.gca(projection='3d')
#ax = axes3d.Axes3D(fig)

[x,t]=np.meshgrid(np.array(range(25))/24.0,np.arange(0,575.5,0.5)/575*17*np.
pi-2*np.pi)

p=(np.pi/2)*np.exp(-t/(8*np.pi))
```

笔记

```
u=1-(1-np.mod(3.6*t,2*np.pi)/np.pi)**4/2

y=2*(x**2-x)**2*np.sin(p)

r=u*(x*np.sin(p)+y*np.cos(p))
#cm.cool,brg_r,winter_r
surf=ax.plot_surface(r*np.cos(t),r*np.sin(t),u*(x*np.cos(p)-y*np.sin(p)),
                    rstride=1,cstride=1,cmap=cm.brg_r,
                    linewidth=0,antialiased=True)
plt.plot(r*np.cos(t))
plt.show()
```

本程序其实就是一个比较复杂的表面图。参数 x、t 用来生成网格点，表面图函数 plot_surface() 中的 x、y、z 坐标值是由正弦、余弦函数组合计算而成的，从而生成了比较复杂的表面图，图上的着色是由 cmap 决定的，在此取值为 cm.brg_r，生成了比较漂亮的颜色。

上述程序在 Python IDLE 中运行后，程序的执行结果如图 8-9 所示，其实组成该图的函数就是最基本的正弦函数或余弦函数。

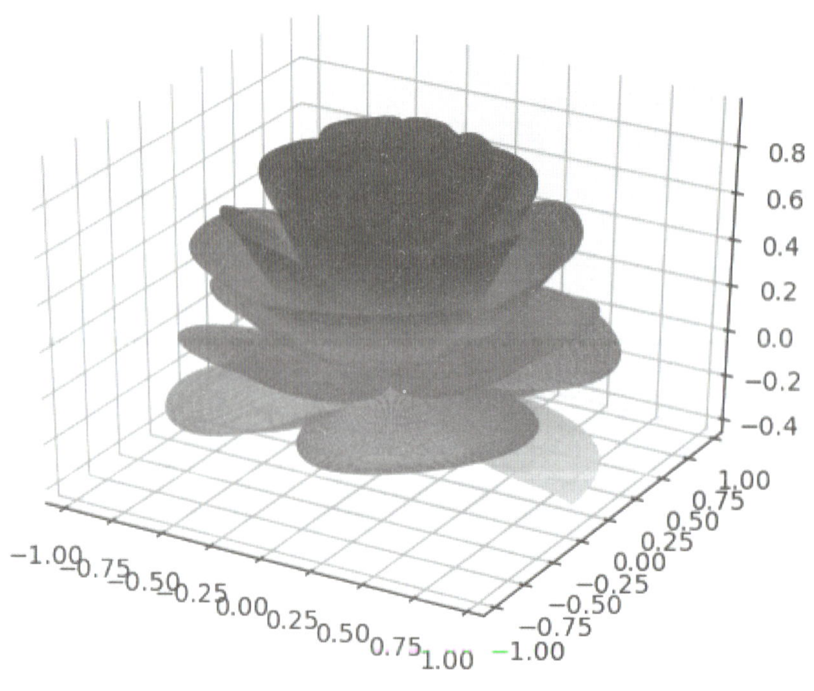

图 8-9　蓝色玫瑰

【例 8-9】绘制一个彩色星球。

主要通过 3D 绘制一个球状图形，然后利用 cmap 参数对它进行着色就可以了，具体程序为：

笔记

```
from mpl_toolkits.mplot3d import Axes3D
import matplotlib.pyplot as plt
import numpy as np

fig = plt.figure()
ax = fig.add_subplot(111, projection='3d')

# 设置数据
u = np.linspace(0, 2 * np.pi, 100)
v = np.linspace(0, np.pi, 100)
x = 10 * np.outer(np.cos(u), np.sin(v))
y = 10 * np.outer(np.sin(u), np.sin(v))
z = 10 * np.outer(np.ones(np.size(u)), np.cos(v))

# 绘制表面图
#ax.plot_surface(x, y, z, color='b')
ax.plot_surface(x, y, z,cmap='rainbow')

plt.show()
```

outer() 函数用于进行外积运算，其作用是：

（1）对于多维向量，全部展开变为一维向量。

（2）第一个参数表示倍数，使得第二个向量每次变为几倍。

（3）第一个参数确定结果的行，第二个参数确定结果的列。

比如：

```
import numpy as np
x1 = [1,2,3]
x2 = [4,5,6]
outer = np.outer(x1,x2)
```

程序的运行结果为：

```
[[ 4  5  6]          #1 倍
 [ 8 10 12]          #2 倍
 [12 15 18]]         #3 倍
```

把 cmap 参数的值设置为 'rainbow' 就得到一个彩色的球体。上述程序在 Python IDLE 中运行后，程序的执行结果如图 8-10 所示。

笔记

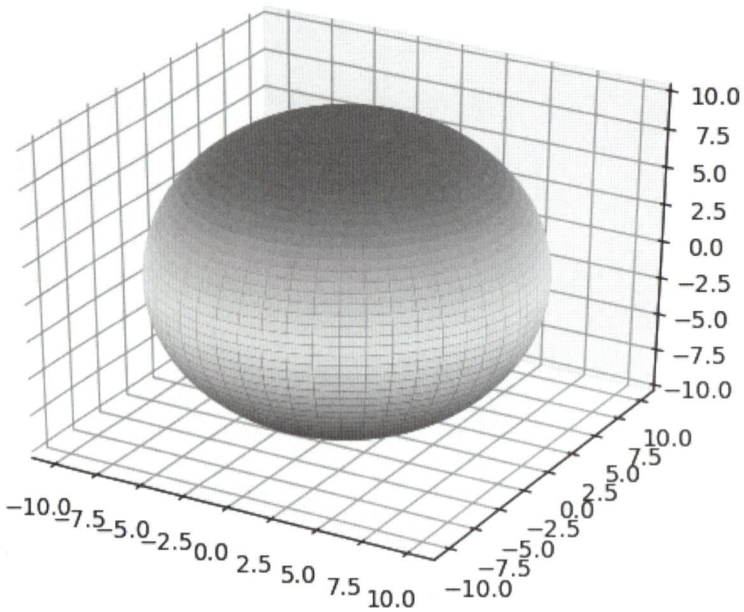

图 8-10 彩色星球

也可以通过坐标中曲线表达式的变化，将前面的曲面图绘制得更复杂一些，如同时绘制出多个山峰的图形。

【例 8-10】 绘制多重曲面图。

具体程序为：

```
from matplotlib import pyplot as plt
from mpl_toolkits.mplot3d import Axes3D
import numpy as np

fig = plt.figure()  # 定义新的三维坐标轴
ax3 = plt.axes(projection='3d')

# 定义三维数据
xx = np.arange(-5,5,0.5)
yy = np.arange(-5,5,0.5)
X, Y = np.meshgrid(xx, yy)
Z = np.sin(X)+np.cos(Y)

# 作图
ax3.plot_surface(X,Y,Z,cmap='rainbow')
ax3.contour(X,Y,Z, zdim='z',offset=-2, cmap='rainbow')    # 等高线图，设置
#offset 为 Z 的最小值
plt.show()
```

第三坐标轴 z 的值为 Z = np.sin(X)+np.cos(Y)，是正弦和余弦曲线相加的结果。程序的执行结果如图 8-11 所示。

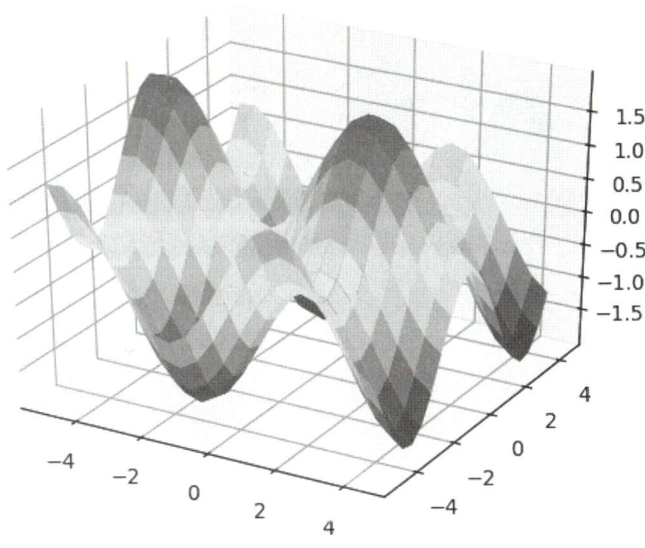

图 8-11　多重曲面图

观察图 8-11 可以发现，该图中的网格比较大，形成的图形不够细腻，如果加入渲染时的步长，会得到更加清晰细腻的图像：ax3.plot_surface(X,Y,Z,rstride = 1, cstride = 1,cmap='rainbow')，其中的 rstride 和 cstride 为横竖方向的绘图采样步长，绘图越小越精细。也可以改变 xx、yy 的步长，如 xx = np.arange(-5,5,0.1)。

具体程序为：

```
from matplotlib import pyplot as plt
from mpl_toolkits.mplot3d import Axes3D
import numpy as np

fig = plt.figure()  # 定义新的三维坐标轴
ax3 = plt.axes(projection='3d')

# 定义三维数据
xx = np.arange(-5,5,0.1)
yy = np.arange(-5,5,0.1)
X, Y = np.meshgrid(xx, yy)
Z = np.sin(X)+np.cos(Y)

# 作图
ax3.plot_surface(X,Y,Z,rstride = 1, cstride = 1,cmap='rainbow')
ax3.contour(X,Y,Z,offset=-2, cmap = 'rainbow')# 绘制等高线
plt.show()
```

笔记

这样得到的图像就像相机的分辨率提高了一样，网格变小了，画面更精致了，程序运行结果如图 8-12 所示。

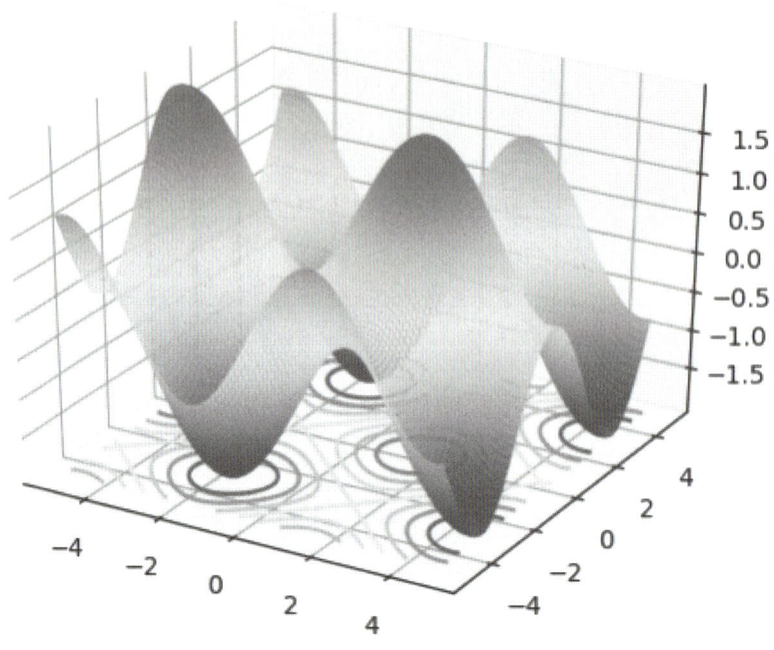

图 8-12　细腻的多重曲面图

【例 8-11】制作一个轮廓图。

轮廓图其实与表面图差不多，就是将网格区域填充上颜色，形成一些特别的效果，具体程序为：

```
from mpl_toolkits.mplot3d import axes3d
import matplotlib.pyplot as plt
from matplotlib import cm

fig = plt.figure(figsize=(16, 12))
ax = fig.add_subplot(111, projection='3d')
X, Y, Z = axes3d.get_test_data(0.05)         # 测试数据
#cset = ax.contour(X, Y, Z, cmap=cm.coolwarm)  #color map 选用的是 coolwarm
cset = ax.contour(X, Y, Z,extend3d=True, cmap=cm.coolwarm)
ax.set_title("Contour plot", color='b', weight='bold', size=25)
plt.show()
```

上面程序中的大多数知识点都介绍过了。函数 contour() 用于生成轮廓图。上述程序在 Python IDLE 中运行后，程序的执行结果如图 8-13 所示，像一卷卷的带子。

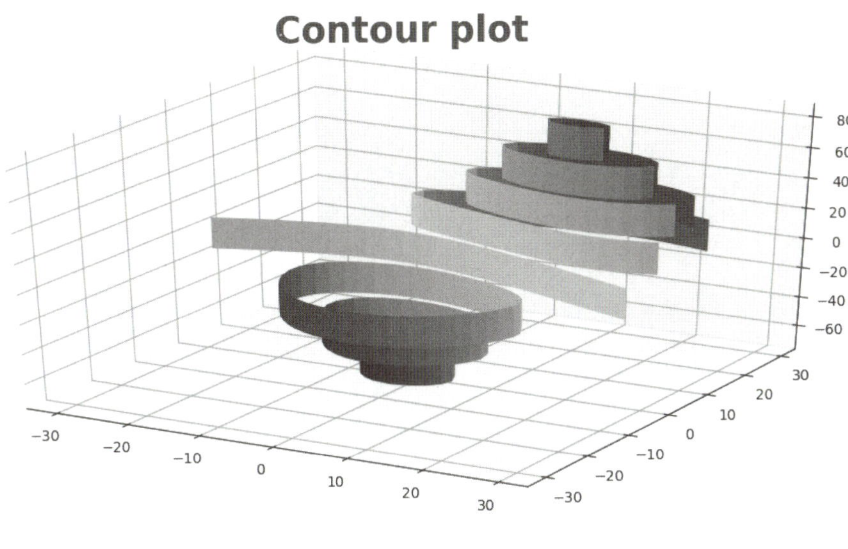

图 8-13　轮廓图

3D 图像是很有趣的图像，对读者来说非常有吸引力，可以通过改变参数以及曲线表达式使生成的图像变化多样，读者可以多进行尝试。

第9章 词　云

学习目标

1. 了解词云的概念。
2. 了解相关模块。
3. 掌握词云图的绘制方法。

知识导图

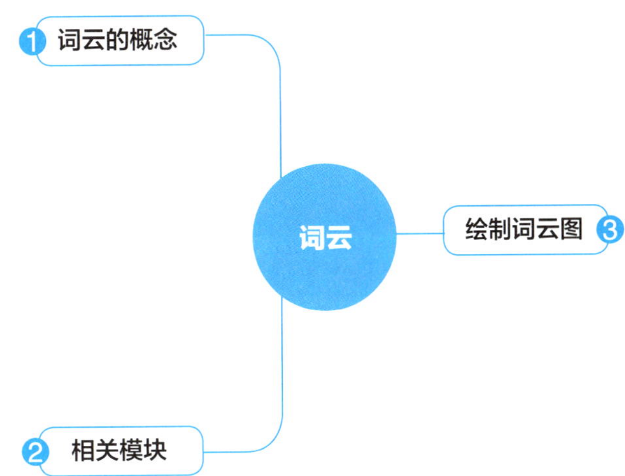

笔记

本章导读

词云图，也叫文字云，是对文本中出现频率较高的“关键词”予以视觉化的展现。词云图过滤掉大量低频、低质的文本信息，使得浏览者只要一眼扫过文本就可领略文本的主旨。Wordle 是一个用于从文本生成词云图而提供的游戏工具。云图会更加突出话题并频繁地出现在源文本中。可以调整不同的字体、布局和配色方案，用图像与 Wordle 创建喜欢的模式。

9.1 词云的概念

“词云”是由美国西北大学新闻学副教授、新媒体专业主任里奇·戈登提出的。里奇·戈登曾经是一位记者，并且担任过迈阿密先驱报新媒体版的主任。网络内容除了可以将报纸、电视等媒体上的新闻发布出来外，还可以用独特的方式传播，如利用词云。

“词云”通俗点讲就是将有关的一大堆词语以各种颜色、大小、位置、形状放在一起，这些词语中出现频率比较高的会以更大、更醒目的状态出现，视觉上比较突出，在此绘制微信好友个性签名词云所需要的模块有 jieba、re 和 pyecharts、WordCloud。

1. 第三方模块 jieba

词语分离需要安装 Python 的 jieba 模块，安装命令为：

```
pip install jieba
```

jieba 模块是 Python 的一款非常强大的专门用于中文的分词库，也就是说，它能将一段中文语句中的词语分离出来。分词是一项很重要的事情，只有将一段文本中的词语分隔出来，才能进行后续的处理，比如对词语进行分类、分析，从而用计算机识别出这段话的含义。它分离词语的模式有三种：第一种是精准模式，将文本中的词语精准地分开，也就是将一段文字中所有的词，包括名词、动词、助词等所有词都分开；第二种是全模式，是尽可能将一段文字中的所有可能的词语都分离出来，存在错误及冗余；第三种是搜索引擎模式，这种模式是在第一种模式的基础上对长词语再次切分。

2. 内置模块 re

程序中还用到 re，它是 Python 自带的专门用于处理字符串的模块。该模块中的大部分函数都是基于正则表达式模糊匹配字符串的，可以从字符串中提取需要的那部分字符串，并且可以用于所有语言。本程序中主要用到 re 中的 sub() 函数，其函数原型为：

re.sub（pattern，repl，string，count = 0，flags = 0 ）

函数的返回值是用 repl 替换字符串中最左边的不重叠模式所获得的字符串。如果找不到该模式，则返回的字符串不变。repl 可以是字符串或函数；如果是字符串，则处理其中的任何反斜杠转义，即将其转换为单个换行符，将其转换为回车，以此类推。参数 count 表示将匹配到的内容进行替换的次数。

笔记

3. pyecharts.WordCloud

前面的章节也提到过 pyecharts 有多种图表绘制功能，其中一个功能是可以绘制 WordCloud 在 Python 中用于生成词云的模块为 pyecharts.WordCloud。用 pyecharts 绘制词云，输入的数据是词语。

将 jieba 分离出来的每个词语形成（word,value）这样形式的元组，然后将它们放入一个大的列表中，作为绘制词云的数据。比如 [('python', 23),('word',10),('cloud',5)] 这样的列表就可以作为词云的数据。

生成的词云图也有多种形状，比如有圆形等，默认的形状也是圆形。词云的可选形状有 'circle'、'cardioid'、'diamond'、'triangle-forward'、'triangle'、'pentagon'。

生成的词云将会在 html 文件中显示出来，也就是说，运行程序后也像地图那样生成一个网页文件。

绘制词云除了 pyecharts 模块外，还有 Python 的 WordCloud 模块，在此不一一讲解，感兴趣的读者可以用另外的方法绘制词云图。

9.2 相关模块

数据与图的叠加是能让人们理解图表中的数据之间关系的最直接的方式。当然，除了前面章节中介绍的所有图形以及词云外，还包括地图。一个恰当的地理空间可视化可以把数据与地图融合起来，无论是一个县、市、省、国家，甚至一个大洲或者整个世界，都可以与数据联合展示。

绘制地图的工具也有多种，比如 matplotlib 的 Basemap 工具、pyecharts.Map、plotly、folium、bokeh、geopandas 等。

folium 是一个非常好用的 Python 包，专门用于地理数据可视化，官方地址为 https://python-visualization.github.io/folium/quickstart.html。

bokeh 的优势是制作交互式图表，在地图展示方面也一样出色。bokeh 支持 Google 地图、geojson 数据的地理可视化展示，最厉害的是它可以制作动态交互的地图。bokeh 的官网 https://docs.bokeh.org/en/latest/docs/user_guide/geo.html 上提供了详细的帮助文档，感兴趣的读者可以访问该网站进行学习。

geopandas 是基于 pandas 的地图绘制模块，它在地理数据处理方面非常方便，也是地理数据信息处理的主要工具。它与 matplotlib 配合使用，简单的代码就可以绘制出精美的地图。

有两种主流地理数据可视化工具：basemap 和 pyecharts。

1. basemap 模块

basemap 是基于 matplotlib 开发的，它是一个专业的地理信息可视化模块，也是 Python 地图绘制方面最强大的模块。使用 basemap 具有创建数据可视化的所有功能，需要与 matplotlib 配合使用。basemap 只使用几行代码就可以绘制一张精美的地图。

basemap 本身并不进行绘制，而是把给定的地理位置坐标转换到地图的投影上面，并

笔记

且将数据传送给 matplotlib 绘图。

basemap 绘制地图的原理是：导入主要模块并实例化，实例化时调用构造函数生成一个带有期望属性的对象，并且在实例化时给出要使用的地理位置以及选用的投影。

投影方式有很多种，其中一种叫墨卡托投影，它由荷兰地图学家墨卡托（G.Mercator）于 1569 年创立。假设地球被套在一个圆柱中，赤道与圆柱相切，然后在地球中心放一盏灯，把球面上的图形投影到圆柱体上，再把圆柱体展开，就形成一幅以墨卡托投影的世界地图。

此外，basemap 的绘制能力非常强大，还可以绘制风构图、轮廓图、填充轮廓图、伪彩色图、地理标记图、矢量场流线图、实景地图、多子图地图、3D 地图等多种图。

但是，由于 basemap 支持 Python 2，而 Python 2 已经基本没有维护与更新了，因此 matplotlib 也放弃了该模块的使用，取代它的是 cartopy，与 Python 3 和 matplotlib 完美结合。

2. pyecharts 模块

pyecharts 也是一个可以生成地图的模块，确切地说，它可以生成 Echarts 图表。Echarts 是开源的可视化 Java Script 库，用它生成的图形效果很好。pyecharts 的开发是为了与 Python 融合，在 Python 中直接调用而生成地图等可视化图形。使用 pyecharts 可以生成独立的页面，也可以与其他代码一起使用。

pyecharts 也需要先安装再使用，安装命令与其他模块类似：

pip install pyecharts

pyecharts 的官方帮助文档地址为 https://pyecharts.org/#/。要使用它绘制地图，如前所述，除了安装该工具本身，还需要安装全球地图、中国与省级地图、市级地图。这些地图文件包的安装方法也是一样的：

pip install echarts-countries-pypkg

pip install echarts-china-provinces-pypkg

pip install echarts-china-cities-pypkg

pyecharts 可以绘制的图表类型很多，具体有：

（1）Bar（柱状图 / 条形图）

（2）Bar3D（3D 柱状图）

（3）Boxplot（箱形图）

（4）EffectScatter（带有涟漪特效动画的散点图）

（5）Funnel（漏斗图）

（6）Gauge（仪表盘）

（7）Geo（地理坐标系）

（8）GeoLines（地理坐标系线图）

（9）Graph（关系图）

（10）HeatMap（热力图）

（11）Kline/Candlestick（K 线图）

笔记

（12）Line（折线 / 面积图）

（13）Line3D（3D 折线图）

（14）Liquid（水球图）

（15）Map（地图）

（16）Parallel（平行坐标系）

（17）Pie（饼图）

（18）Polar（极坐标系）

（19）Radar（雷达图）

（20）Sankey（桑基图）

（21）Scatter（散点图）

（22）Scatter3D（3D 散点图）

（23）Surface3D（3D 曲面图）

（24）ThemeRiver（主题河流图）

（25）Tree（树图）

（26）TreeMap（矩形树图）

（27）WordCloud（词云图）

pyecharts 绘制地图的函数主要是 Geo() 和 Map()，这两个函数都可以绘制动态地图。Geo() 是在地理坐标系上绘制地图，Map() 主要是地理区域数据可视化，而 WordCloud 则专门用于绘制词云图。

9.3 绘制词云图

“词云”是对文本中出现频率较高的“关键词”予以视觉上的突出的一种可视化手段，形成“关键词云层”或“关键词渲染”，使浏览者只要一眼扫过词云图片，就可以了解文本中重复频率最高的词汇，从而得知庞大的文本背后的核心内容。

【例 9-1】简单词云。

下面实现一个最基本、最简单的词云，词云中的词是英文单词，而且是在程序中给定的。具体程序如下：

```
from pyecharts import WordCloud

name = [
  'Sam S Club', 'Macys', 'Amy Schumer', 'Jurassic World', 'Charter
Communications',
  'Chick Fil A', 'Planet Fitness', 'Pitch Perfect', 'Express', 'Home', 'Johnny Depp',
  'Lena Dunham', 'Lewis Hamilton', 'KXAN', 'Mary Ellen Mark', 'Farrah Abraham',
  'Rita Ora', 'Serena Williams', 'NCAA baseball tournament', 'Point Break']
```

笔记

```
value = [
 10000, 6181, 4386, 4055, 2467, 2244, 1898, 1484, 1112,
 965, 847, 582, 555, 550, 462, 366, 360, 282, 273, 265]
wordcloud = WordCloud(width=1000, height=620)
wordcloud.add("", name, value, word_size_range=[20, 80])

wordcloud.render()
wordcloud
```

程序的运行结果如图 9-1 所示。

图 9-1　简单词云

上面的例子是最简单的一种词云。用 pyecharts 生成词云图有优点，也有缺点，总结如下。

优点：

（1）在 html 文件里当利用鼠标拖动到某个词，就会在此处出现对应的频率，方便查看。

（2）用户只需要构建好自己的（word，values），就可以生成词云，使用非常简单。

（3）可以提供 7 种不同的词轮廓，只需要简单设置就能生成相应的图形。

缺点：

（1）没有词云填充图片功能，也就是整个词云的轮廓为所给图片的形状。

（2）给定的词在一段文字中时，整理成需要的（word，values）形式比较复杂。

WordCloud 是 Python 的一个第三方库，是根据文本中的词频对内容进行可视化。它虽然没有 pyecharts 那么简单，但是其制作词云图的功能很强大，可以制作任意形状的词云图。

WordCloud 的安装与其他第三方库一样，也是由 Python 自带的 pip 工具进行的。同时，WordCloud 模块生成图形需要与 numpy、pillow 模块配合使用，当然也可以与

matplotlib 库一起使用，生成图片，之后进行保存。

WordCloud 的使用比较简单，它从给定的 text 文本中按空格读取单词，出现次数越多的单词，生成的图像越大。WordCloud 提供了大量的参数，用来控制词云图形的生成，见表 9-1。

表 9-1　属性及说明

属性名	示例	说明
background_color	background_color='white'	指定背景色，可以使用十六进制颜色
width	width=600	图像长度，默认为 400 像素
height	height=400	图像高度，默认为 200 像素
margin	margin=20	词与词之间的边距，默认为 2
scale	scale=0.5	缩放比例，对图像整体进行缩放，默认为 1
preter_horizontal	preter_horizontal=0.9	词在水平方向上出现的频率，默认为 0.9
min_font_size	min_font_size=10	最小字体，默认为 4
max_font_size	max_font_size=20	最大字体，默认为 200
font_step	font_step=2	字体步幅，控制在给定 text 遍历单词的步幅，默认为 1，一般不用修改。对于较大的 text，增大 font_step 会加快读取速度，但会牺牲部分准确性
stopwords	stopwords=set('dog')	设置要过滤的词，以字符串或者集合作为接收参数，如不设置，将使用默认的停动词词库
mode	mode='RGB'	设置显色模式，默认为 RGB。如果为 RGBA，且 background_color 不为空时，背景为透明
rclativc_scaling	rclativc_scaling=1	词频与字体大小关联性，默认为 5，值越小，变化越明显
color_func	color_func=None	生成新颜色的函数，如果为空，则使用 self.color_func
regexp	regexp=None	默认单词以空格分隔，如果设置这个参数，将根据指定函数分隔
width	regexp=None	默认 400 像素
collocations	collocations=False	是否包含两个词的搭配，默认为 True
colormap	colormap=None	给所有单词随机分配颜色，若指定 color_func，则忽略
random_state	random_state=1	为每个单词返回一个 PIL 颜色

笔记

续表

属性名	示例	说明
font_path	font_ path='PangMenZhengDaoBiaoTiTi-1.ttf'	指定字体
mask	mask=None	指定背景图，会将单词填充在背景图像素非白色 (#FFFFFF RGB(255,255,255)) 的地方

numpy 与 matplotlib 库一起使用，可以在指定背景图上生成词云。下面举例说明。

【例 9-2】生成指定形状的词云。

```
    import numpy as np
    import matplotlib.pyplot as plt
    from PIL import Image
    from wordcloud import WordCloud, ImageColorGenerator

    text = "The awesome yellow planet of Tatooine emerges from a total eclipse\
    her two moons glowing against the darkness\
    A tiny silver spacecraft\
    a Rebel Blockade Runner firing lasers from the back of the ship, races through space\
    It is pursed by a giant Imperial Stardestroyer\
    Hundreds of deadly  laserbolts streak from the Imperial Stardestroyer\
    causing the main solar fin of the Rebel craft to disintegrate"
    # 加载背景图
    color_mask = np.array(Image.open("xiaoxing.jpg"))
    wc = WordCloud(
        mask=color_mask,background_color='white'
    )
    wc.generate(text)
    image_colors = ImageColorGenerator(color_mask)
    # 在只设置 mask 的情况下会得到一个拥有图片形状的词云，axis 默认为 on，#会开启边框
    plt.imshow(wc, interpolation="bilinear")
    plt.axis("off")
    plt.savefig("heart.jpg")
```

笔记

在上面的程序中，将设置的图形与程序放在同一目录下，要设置的图形如图 9-2 所示：

图 9-2 词云形状图形

执行上面的程序后，在指定背景图上生成的词云如图 9-3 所示。

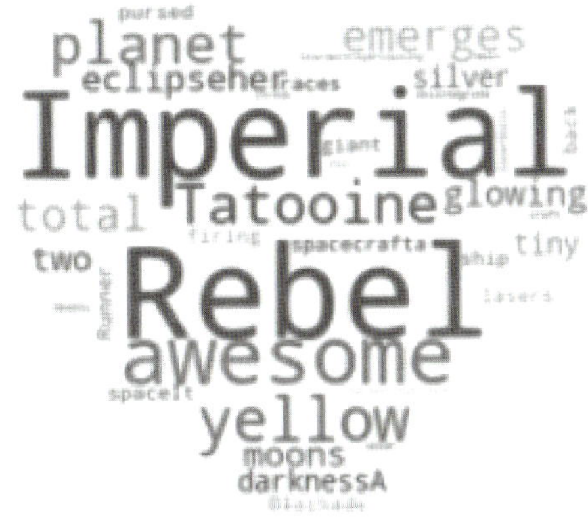

图 9-3 心形词云

参考文献

[1] 马秀麟，姚自明，邬彤，等. 数据分析方法及应用 [M]. 北京：人民邮电出版社，2015.
[2] 姜枫，许桂秋. 大数据可视化技术 [M]. 北京：人民邮电出版社，2019.
[3] 樊银亭，夏敏捷. 数据可视化原理及应用 [M]. 北京：清华大学出版社，2019.
[4] 朱敏. 数据分析与可视化实践 [M]. 2 版. 上海：华东师范出版社，2020.
[5] 张俊. 可视化数据挖掘技术的研究与实现 [J]. 重庆工商大学学报（自然科学版），2013，30(3)：58-61.
[6] 徐胜攀，刘正军，左志权. 大规模三维点云快速拾取技术研究 [J]. 计算机工程与设计，2013，34(8)：24-27.
[7] 汤佳宁. 思维可视化工具在高中信息技术教学中的应用 [J]. 软件导刊·教育技术，2017，16(8)：40-42.